KB252514

재미있게 함께 노는 초등과학 원리

사다리과학

사다리과학(물리·지구과학 심화편)

펴 냄 2010년 2월 5일 1판 1쇄 박음 / 2010년 2월 10일 1판 1쇄 펴냄
지은이 과학주머니
펴낸이 김철종
펴낸곳 (주)한언
　　　　등록번호 제1-128호 / 등록일자 1983. 9. 30
주 소 서울시 마포구 신수동 63-14 구 프라자 6층(우 121-854)
　　　　전화. 02)701-6616(대) / 팩스. 02)701-4449
책임편집 박선미
디자인 정현영, 양미정, 백은미, 김영민
홈페이지 www.haneon.com
이메일 haneon@haneon.com
　　　　· 이 책의 무단전재 및 복제를 금합니다.
　　　　· 잘못 만들어진 책은 구입하신 서점에서 바꾸어 드립니다.

ISBN　978-89-5596-560-5　　63400
　　　　978-89-5596-557-5　　63400(세트)

재미있게 함께 노는 초등과학 원리

사다리과학

과학주머니 지음

한얼

엄마, 아빠께 가만히 물어보세요. 어렸을 때 할머니가 들려주는 이야기를 들어 본 적이 있냐고. 할머니는 마음속 깊이 가지고 있던 이야기 주머니에서 소중하고 재미있는 이야기를 조금씩, 조금씩 꺼내서 엄마, 아빠의 마음속에 있는 이야기 주머니에 넣어 주셨어요. 그 이야기 주머니는 엄마, 아빠뿐 아니라 우리의 마음속에도 있답니다. 이러한 이야기 주머니는 우리가 어떤 책을 읽고, 어떤 공부를 하고, 어떤 생각을 하느냐에 따라 여러 개로 나눠지기도 하고, 커지기도 하는 마법의 주머니예요.

처음 선생님이 됐을 때, 많은 고민을 했었어요. 들려주고 싶은 이야기도 많고, 가르쳐 주고 싶었던 것도 많았지만 내가 가지고 있는 주머니에서 무엇을 꺼내 주어야 할지 막막했거든요.

하지만 '과학주머니'에서 재미있는 이야기와 신기한 실험을 꺼내서 알려 줄 때마다 '우와~' 하는 아이들의 한마디에 신이 났고, 자신감을 얻었죠. 더 많이 가르쳐 주기 위해 내 과학주머니를 키웠고, 가르치는 아이들의 과학주머니를 키워 주기 위해서 노력했어요.

우리들은 누구나 마음속에 주머니가 있다고 했죠? 주머니에 어떤 내용을 넣어 주

느냐에 따라 여러 개의 주머니를 가질 수도 있고, 남들보다 더 큰 주머니를 가질 수도 있답니다. 비록 눈에 보이지는 않지만 우리가 가진 주머니는 어려운 문제를 해결하는 데 도움을 주는 현명한 거울과 빛이 될 거예요.

이 책은 선생님들이 오랜 시간 키워 온 과학주머니에 담긴 이야기를 나눠 주기 위해서 탄생했어요. 엄마, 아빠가 할머니의 이야기를 통해서 세상 보는 눈을 키우고 살아가는 데 필요한 지식과 교훈을 얻었다면, 우리는 이 책에서 들려주는 이야기를 통해 세상 보는 눈과 우리가 가진 과학주머니를 키우게 될 거예요. 비록 호랑이나 마법사가 등장하는 이야기는 아니지만, 살아가는 데 꼭 필요한 과학 이야기를 하려고 해요.

우리 주변을 둘러보면 대부분이 과학과 관련돼 있답니다. 우리 주변에서 쉽게 볼 수 있는 과학 이야기를 재미있게 들려주려고 노력했어요. 이 책을 천천히 다 읽고 나면 마음속의 과학주머니가 두둑해지고 불룩해지는 것을 경험할 수 있답니다.

과학주머니가 두둑해지면 그 주머니에 들어 있는 이야기를 친구나 동생들에게 한 번 들려 주세요. 이야기를 다른 사람에게 나누어 준다는 것이 얼마나 기쁘고 뿌듯한

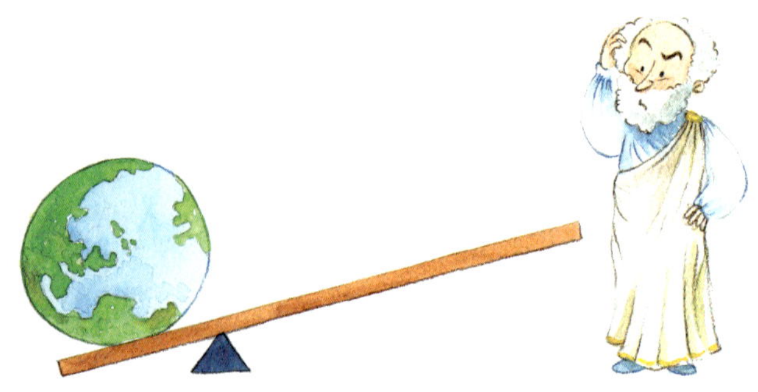

지도 느낄 수 있답니다. 그리고 왜 선생님들이 과학주머니를 키웠는지도 알 수 있을 거예요.

이 책을 펼치는 순간부터 가지고 있는 주머니에 '과학'이라는 이름표를 달아 주세요. 그리고 그 주머니를 크게 키워 주세요. 입에서 '우와~'라는 말이 나올 때, 머릿속에서 '아하!'라는 말이 떠오를 때, 과학이 즐겁고 신날 때, 학교에서 배우는 과학에 자신감이 생길 때, 그 순간을 이 책과 함께 하기를 바랄게요.

―꺼내고 또 꺼내도 줄어들지 않는 마법의 과학주머니

Contents

장표지

장 처음에 나오는 제목과 사진을 보고 어떤 내용이 나올지 짐작해 보자. 미리 짐작해 보는 것만으로도 공부가 되거든!

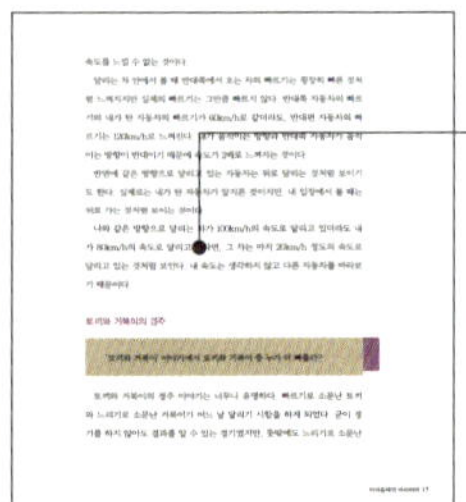

본문

딱딱한 과학 원리가 쉽고 재미있게 담겨 있단다. 이제 어려운 과학 원리가 나와도 자신 있게 설명할 수 있겠지?

맛보기 퀴즈

공부하기 전에 맛보기 퀴즈의 답을 생각하다 보면, 호기심도 퐁퐁 샘솟고 즐겁게 공부할 수 있을 거야.

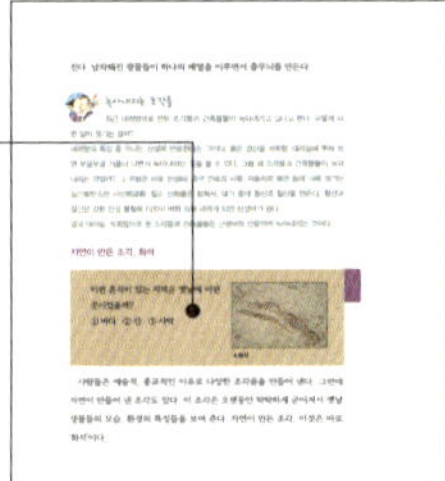
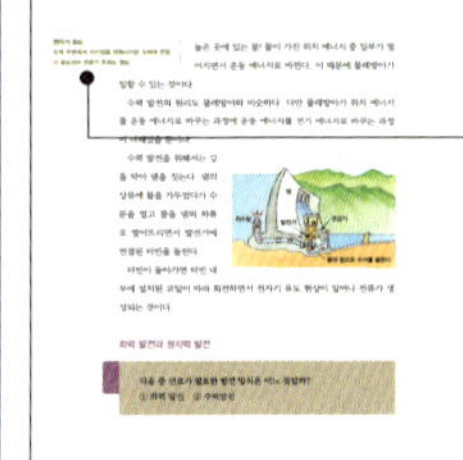

미니 사전

가끔 잘 모르는 단어가 나온다고? 하지만 알고 나면 별것 아니지! 언젠가는 알아야 할 단어들이니, 이참에 미니 사전 살짝 들추어 보자!

그림

과학 원리를 더욱 재미있고 쉽게 이해할 수 있도록 그림을 담았단다.

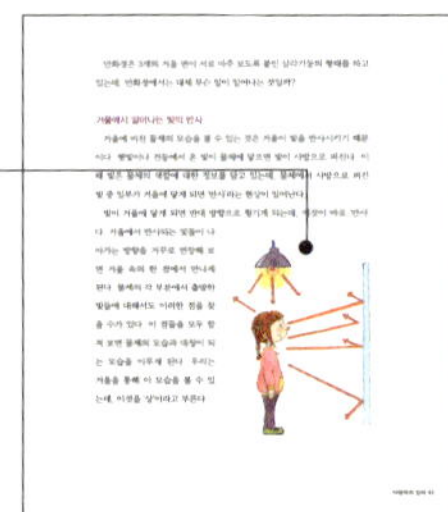
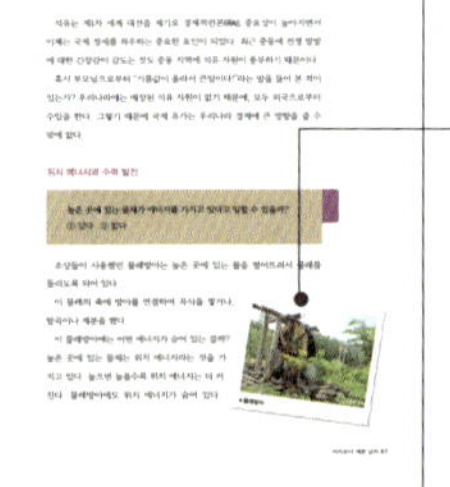

사진

생생한 과학 사진을 직접 눈으로 보면, 과학이 우리 곁에 성큼 다가와 있다는 걸 느낄 수 있을 거야!

실험해 볼까요?

각 장이 끝날 때마다 실험을 해 보자. 이 실험은 집에서도 손쉽게 할 수 있단다. 흥미로운 실험을 하다 보면 과학 원리가 머릿속에 쏙쏙 들어올 거야!

사진 제공 및 출처

이 책에 나온 사진들은 어디에서 찍은 것인지 알고 싶다면 〈사진 제공 및 출처〉를 살펴봐.

Chapter 01

따라올 테면 따라와 봐!

따라올 테면 따라와 봐!

▲먹잇감을 쫓는 치타

아프리카의 초원. 이곳에 사는 동물들은 한시라도 긴장을 늦출 수 없다. 힘센 동물들에게 언제 잡아먹힐지 모르기 때문이다. 약하면 잡아먹히는 약육강식의 세계. 이곳에서 살아남기 위해 동물들은 오늘도 긴장을 늦추지 않는다.

달리기의 명수 치타. 치타는 자신보다 약한 동물을 잡아먹기 위해 달리고, 사자에게 잡아먹히지 않기 위해 달린다. 혹시 이렇게 매일 달려서, 달리기의 명수가 된 것은 아닐까?

그렇다면 치타를 가장 무서워하는 동물은 누구일까? 바로 가젤*이다. 치타는 가젤을 잡기 위해 호시탐탐 기회를 노리

가젤

사지가 가늘고 암수 모두 테가 있는 하프 (harp) 모양의 뿔이 있다. 건조한 지역에서 사는데 아프리카, 시리아, 이란, 인도, 몽골 등지에 분포한다.

고, 가젤은 치타에게 잡히지 않으려고 늘 긴장하고 있다. 이 렇게 잡아먹고 잡아먹히는 관계를 '천적 관계'라고 한다.

치타 외에도 하이에나[*]와 사자 등이 사냥감으로 가젤을 노린다. 그래서 그런지 가젤은 다른 동물의 접근을 재빠르게 알아채기 위해 눈, 코, 귀가 예민하게 발달했다. 또한 가젤은 무리를 지어 산다. 혼자서는 풀을 뜯어 먹는 동안 위험한 동물이 오는지 살피기 어렵다. 하지만 여럿이 무리를 지어 살면 돌아가며 보초를 설 수 있어서 보초가 망을 보는 동안 나머지 가젤들은 마음 편히 풀을 뜯어 먹을 수 있다. 결국 가젤이 무리를 지어 사는 것도 살아남기 위한 전략이라고 할 수 있다.

이렇게 항상 경계를 늦추지 않는데도 치타와 사자들은 수시로 가젤을 공격한다. 만약 달리기가 가장 빠른 치타가 가젤을 잡기 위해 뛰어오면 어떻게 될까? 가젤도 달리기가 빠르지만, 치타의 빠르기에 비하면 상대가 안 된다. 그렇다면, 어떻게 해야 가젤이 치타로부터 살아남을 수 있을까?

어느 것이 더 빠를까?

치타와 달팽이. 둘 중 누가 빠를까? 당연히 치타가 빠르다. 치타와 달팽이처럼 움직이는 모든 것에는 빠르기가 있다. 이렇게 빠르고 느린 정도를 나타내는 것을 '속력'이라고 한다. 속력은 일정한 시간에 얼마나 움직였는지를 나타낸다.

1시간 동안 60km를 이동하는 자동차와 1시간 동안 70km를 이동하는 지하철이 있다면, 어느 것이 더 빠른 것일까? 똑같은 시간 동안 더 먼 거리를

이동한 지하철이 더 빠르다. 빠르기를 속력으로 나타내면, 다음과 같다. 서

$$속력 = \frac{이동\ 거리}{걸린\ 시간}$$

속력의 단위는 시간과 거리에 따라 달라진다. km/h와 m/s를 주로 쓰는데 km/h는 1시간 동안 몇 km를 이동했는지 나타내는 단위고, m/s는 1초 동안 몇 m를 이동했는지 나타내는 단위다. 1시간 동안 60km를 간 자동차의 속력은 60km/h, 70km를 간 지하철의 속력은 70km/h라고 나타낼 수 있다.

천둥과 번개의 빠르기

낮인데도 하늘이 어둡다. 으슬으슬한 것이 왠지 귀신이라도 나올 것만 같은 날씨! 하필이면 이런 날 부모님은 외출을 하고 집에는 나밖에 없다. 무서워지려는 찰나, 결국 비가 쏟아지고 천둥, 번개가 치기 시작했다. 밀물처럼 밀려오는 무서움, 이를 어떻게 하면 좋을까? 오히려 이런 날은 천둥과 번개를 뚫어지게 관찰하며 무서움을 극복해 보자.

천둥과 번개에 대해서 간단히 설명하자면, 천둥은 '우르르 쾅쾅!' 하는 소리이고, 번개는 '번쩍!' 하는 빛이다.

그렇다면 천둥과 번개의 빠르기는 같을까, 다를까? 천둥, 번개를 가만히 관찰해 보면, 쉽게 답을

찾을 수 있다.

번개가 먼저 '번쩍' 한 뒤에 천둥이 '우르르
쾅쾅' 한다. 즉 천둥소리가 더 늦게 들린다. 그
이유는 빛이 소리보다 빠르기 때문이다. 빛은
1초 동안에 약 30만km를 움직이는데, 공기 속
에서 소리는 약 340m 정도를 움직일 수 있다.
그래서 항상 번개가 먼저 친다.

▲번개

빛의 속도보다 더 빠른 것?

'눈 깜짝할 사이에'라는 말이 있다. 이 말은 '정말 순식간에'라는 의미다. 눈을 한 번
깜빡여 보자. 눈을 감았다 뜨는 시간이 매우 짧아서 시간이 얼마나 걸리는지 느낄 수도 없다.
눈을 한 번 깜빡이는 데 걸리는 시간은 사람마다 차이가 있겠지만 대략 0.25초 정도다. 그렇
다면 빛은 눈 깜짝할 사이에 얼마나 움직일까? 빛은 공기가 없는 진공 상태에서 1초에 약 30
만km를 움직인다. 1초에 지구를 약 7바퀴 반이나 도는 셈이다. 이를 통해 계산해 보면 눈 깜
짝할 사이에 빛은 약 7만 5천km를 움직이고, 지구를 약 2바퀴 정도 돈다.
하지만 이렇게 굉장히 빠른 빛도 물속에 들어가면 속도가 느려진다. 물속에서 빛은 1초에 22
만 5천km의 빠르기로 움직인다. 왜 속도가 달라질까? 운동장에서 달릴 때와 수영장에서 달
릴 때, 속도가 다르듯이 빛도 마찬가지다. 빛의 속도는 다이아몬드 속에서 물보다 더 느려진
다. 다이아몬드 속에서 빛은 1초에 12만 4천km의 속도로 움직인다.
한편, 1934년 구소련의 과학자인 체렌코프는 물속에서 빛보다 빠른 물질을 발견했는데, 그
물질에 자신의 이름을 따서 '체렌코프 전자'라는 이름을 붙였다.

뒤로 달리는 자동차

고속도로에서는 시속 100 km로 달려도 천천히 달리는 느낌이 드는 이유는?

버스나 자동차를 타고 창밖의 풍경을 보면 나무나 사람들이 뒤로 움직이는 이상한 일이 벌어지곤 한다. 이것뿐만이 아니다. 반대 차선의 자동차들은 씽씽 지나가는데, 우리 차선의 자동차들은 느릿느릿 달리고, 어떤 차들은 뒤로 달리는 듯한 느낌을 주기도 한다. 어찌 된 일일까?

내가 느끼는 빠르기는 실제의 빠르기와 다를 수 있다. 똑같은 빠르기로 움직인다고 해도, 내가 움직이면서 움직이는 물체를 볼 때와, 멈춘 상태에서 움직이는 물체를 볼 때 느끼는 빠르기는 다르다. 나를 기준으로 물체의 움직임을 보기 때문이다.

친구와 달리기를 한다고 생각해 보자. 옆에서 내 속력에 맞춰서 뛰고 있는 친구를 보면, 마치 제자리 뛰기를 하는 것처럼 보인다. 하지만 실제로 친구는 나와 똑같은 속력으로 달리고 있다. 단지 나도 달리고 있기 때문에 친구의 속력을 느낄 수 없는 것이다.

달리는 차 안에서 볼 때 반대쪽에서 오는 차의 빠르기는 굉장히 빠른 것처럼 느껴지지만 실제의 빠르기는 그만큼 빠르지 않다. 반대쪽 자동차의 빠르기와 내가 탄 자동차의 빠르기가 60 km/h로 같더라도, 반대편 자동차의 빠르기는 120 km/h로 느껴진다. 내가 움직이는 방향과 반대쪽 자동차가 움직이는 방향이 반대이기 때문에 속력이 2배로 느껴지는 것이다.

반면에 같은 방향으로 달리고 있는 자동차는 뒤로 달리는 것처럼 보이기도 한다. 실제로는 내가 탄 자동차가 앞지른 것이지만, 내 입장에서 볼 때는 뒤로 가는 것처럼 보인다.

나와 같은 방향으로 달리는 차가 100km/h의 속도로 달리고 있더라도 내가 80km/h의 속도로 달리고 있다면, 그 차는 마치 20km/h 정도의 속도로 달리고 있는 것처럼 보인다. 내 속도는 생각하지 않고 다른 자동차를 바라보기 때문이다.

토끼와 거북이의 경주

'토끼와 거북이' 이야기에서 토끼와 거북이 중 누가 더 빠를까?

토끼와 거북이의 경주 이야기는 너무나 유명하다. 빠르기로 소문난 토끼와 느리기로 소문난 거북이가 어느 날 달리기 시합을 하게 되었다. 굳이 경기를 하지 않아도 결과를 알 수 있는 경기였지만, 뜻밖에도 느리기로 소문난 거북이가 이겼다. 자신의 달리기 실력만 믿은 토끼가 중간에 낮잠을 잤기 때문이다. 그렇다면 이 경기에서 토끼와 거북이 중 누구의 속력이 더 빠른 걸까?

출발점에서 도착점까지의 거리는 같지만, 이동한 시간을 보면 거북이가 토끼보다 먼저 도착했기 때문에 시간이 더 적게 걸렸다. 따라서 경주 전체를 봤을 때는 거북이의 속력이 더 빠르다. 하지만 경주 전체가 아니라 달리기를

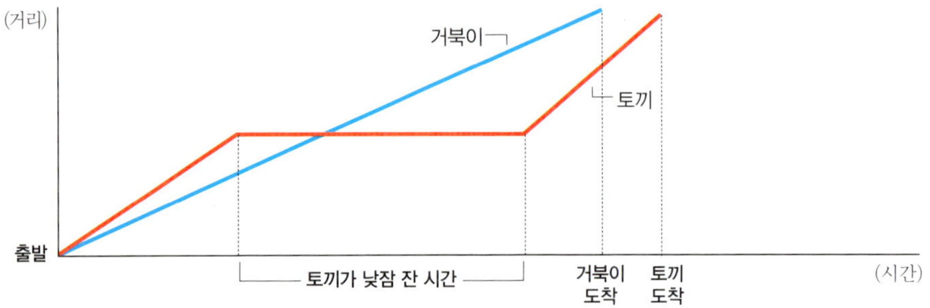

▲토끼와 거북이의 운동 : 시간에 따른 거리

하고 있는 순간의 속력은 토끼가 거북이보다 더 빠르다. 위의 그래프를 통해 확인해 보자.

이처럼 순간의 속력을 비교할 것인지, 경주 전체의 속력을 비교할 것인지에 따라 누가 더 빠른지 달라진다. 어느 순간의 속력을 우리는 '순간 속력'이라고 하고, 전체 거리를 이동한 속력을 '평균 속력'이라고 한다.

즉, 평균 속력으로 생각하면 거북이가 빠르지만, 토끼가 달리기를 하고 있는 순간의 순간 속력은 토끼가 더 빠르다.

움직이는 물체가 항상 똑같은 속력으로 움직이지는 않는다. 자동차를 예로 들어 보자. 시속 60km로 달리던 자동차가 빨간 신호에 걸리면 정지하여 속력이 0km/h가 된다. 자동차의 속력은 앞쪽의 계기판을 보면 알 수 있는데, 자동차의 속력계가 나타내는 속력은 순간 속력을 나타낸다.

만약 자동차가 20km의 거

리를 신호등에 서기도 하고 차가 없을 경우에는 빨리 달리기도 하면서 10분 동안 갔다면, 평균 속력은 어떻게 될까? 평균 속력은 전체 이동 거리를 이동 시간으로 나눈 것이므로 2km/분이 된다.

▲속력계

$$\text{자동차의 평균 이동 속력} = \frac{\text{전체 이동 거리}}{\text{전체 이동 시간}} = \frac{20\text{km}}{10\text{분}} = 2\text{km/분}$$

순식간에 지나가는 속력을 잡는 스피드건

공을 던지는 투수는 야구공의 빠르기로 실력을 평가받기도 한다. 굉장한 속력으로 야구공을 던지기 때문에, 야구공이 보이지 않을 때도 있다고 한다. 순식간에 던지는 야구공의 속력은 어떻게 잴 수 있을까?

치를 타고 가다 보면 속도위반 자동차를 단속하는 카메라가 곳곳에 있다. 단속 카메라는 속도위반 자동차를 어떻게 가려낼 수 있을까?

빠르게 움직이는 물체의 속력은 스피드건으로 측정할 수 있다. 빠르게 움직이는 물체에 대고 버튼을 누르면 그 속력을 알 수 있다.

▲레이저볼, 스피드건

하늘 · 땅 · 바다의 스피드 왕!

가젤이 빠른 치타로부터 살아남는 방법이 아닌 것은?
① 안전거리를 두고 지낸다.　　② 1분 동안 죽어라 달린다.
③ 죽은 척을 한다.　　④ 여럿이 떼 지어 다닌다.

동물의 세계는 냉혹하다. 힘이 센 동물은 힘이 약한 동물을 잡아먹으며 살아간다. 그래서 약한 동물들은 살아남기 위해 다양한 특성을 가지고 있다. 어떤 동물들은 독을 가지고 있기도 하고, 어떤 동물들은 몸의 색을 바꿔 숨기도 한다. 또 어떤 동물들은 살기 위해 빨리 달리기도 한다.

육지의 스피드 왕, 치타! 치타의 빠르기는 시속 115km나 된다. 정지 상태에서 최고 속도로 달리는 데 3초 정도의 시간밖에 걸리지 않으며, 100m를 약 3.2초에 달릴 수 있다.

▲가젤

그에 비해 치타가 나타날까 늘 노심초사하는 가젤은 100m를 3.7초에 달린다고 한다. 치타에 비하면 느리다. 그럼에도 불구하고 치타가 가젤을 잡는 것은 생각보다 쉬운 일이 아니다. 하루 종일 가젤만 쫓다가 하루가 저무는 날도 있다고 한다. 분명 치타가 가젤보다 빠른데 어찌된 일일까?

치타의 달리기에는 치명적인 약점이 있다. 순간적으로는 굉장히 빨리 달릴 수 있지만, 계속해서 빨리 달리지는 못한다. 100m 달리기와 마라톤을 생각해 보자. 100m 달리기에서는 전속력으로 달려도 되지만, 마라톤에서는 전속력으로 달리다 보면 금세 지쳐 버리고 만다.

치타처럼 빠른 속력으로 달리면, 심장에 무리가 가기 때문에 오랫동안 빠르게 달릴 수 없다. 따라서 치타를 피해 도망가는 가젤은 1분만 죽어라 달리면 살아남을 수 있다. 치타가 지쳐서 더 이상 쫓아오지 못하기 때문이다.

그럼 하늘과 바다의 스피드 왕은 누구인지 한번 알아보자. 하늘의 스피드 왕은 군함조다. 군함조는 바닷가에 사는 새로, 순간적으로 굉장히 빠른 속력을 낼 수 있다. 물고기를 먹기 위해 군함조는 빠르게 아래로 내려가는데 이때의 순간 속력은 400km/h나 된다.

빠르기로 소문난 새들 중에는 매, 칼새 등이 있다. 송골매의 최대 속력은 320km/h다. 굉장한 빠르기이지만 군함조보다는 느리다. 수평으로 날 때 가장 빠르게 나는 새는 바닷가에 사는 칼새다. 칼새는 200km/h의 속도로 닐 수 있는데, 우리나라에노 살고 있으니 바다에 놀러갔을 때 두 눈을 부릅뜨고 찾아보자!

바다의 스피드 왕은 청새치다. 바다에서 가장 빠른 물고기인 청새치는 태

▲군함조

▲칼새

▲송골매

▲청새치

평양에 사는데, 속력은 시속 100km 이상이라고 한다.

그렇다면 사람 중에서 가장 빠른 사람은 누구일까? 세계에서 가장 빠른 기록을 세운 사람은 자메이카 출신의 우사인 볼트다. 그는 2008년 베이징 올림픽 100m 경주에서 9초 69의 세계 신기록을 세웠다. 하지만 사람은 동물들에 비하면 느림보나 마찬가지다.

느림보는 여기에 모여라!

느린 동물 중에 하나로 나무늘보가 있다. 나무늘보는 에너지를 최대한 아끼기 위해 거의 움직이지 않는다. 나무늘보의 최대 속력은 0.24km/h로 1시간에 240m를 움직일 수 있는데, 평상시에는 1분에 1m 정도 움직인다니 굉장한 느림보가 아닐 수 없다.

▲나무늘보

하지만 '한 시간에 240m나 움직일 수 있다니 정말 빠른 속도군요!'라고 외치는 동물이 있다. 바로 달팽이! 달팽이의 최대 속력은 0.05km/h라고 한다. 열심히 움직이면 1시간에 50m를 움직일 수 있다.

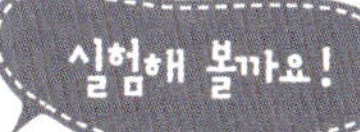

개미는 얼마나 빠를까?

열심히 움직이는 개미의 모습을 관찰해 보고 얼마나 빨리 움직이는지 개미의 속력을 구해 보자. 어떻게 하면 움직이는 개미의 속력을 구할 수 있을까?

 **준비물**

개미, 실, 초시계, 도화지, 연필, 자

 **탐구 순서**

① 준비한 개미를 도화지 위에 올려놓는다. 개미가 어느 쪽으로 움직일지 모르니 도화지는 가능하면 큰 것으로 준비하고 도화지 가운데에 놓고 시작한다.

② 개미가 움직이는 대로 연필로 추적한다.

③ 개미 추적에 익숙해지면 초시계를 이용해 30초 동안 개미를 추적한다.

※개미의 추적과 초 재기를 함께 하기 어려울 수 있다. 주위의 친구나 어른들께 도움을 요청하자.

④ 개미를 추적한 길에 실을 놓아 개미가 기어간 거리를 측정한다. 이때, 실을 물에 적시면 실이 쉽게 움직이지 않아 거리를 정확히 잴 수 있다.

⑤ 시간과 거리를 이용하여 개미의 속력을 알아본다.

※개미로 실험할 때, 개미의 생명을 소중히 다루자. 실험 후 개미는 다시 놓아주도록 하자.

📋 실험 결과

개미가 30초 동안 얼마나 기어갔는지를 알면, 개미의 평균 속력을 알 수 있다.
개미가 기어간 거리를 30으로 나누면 된다. 만약 개미가 30초 동안 60cm를 갔
다면, $\dfrac{60cm}{30초}$ =2cm/s가 개미의 평균 속력이 된다.

🏺 생각 나누기

· 어떻게 하면 개미의 속력을 가장 잘 잴 수 있을까?

· 개미의 속력은 평균 속력일까, 순간 속력일까?

Chapter 02

전기뱀장어에는 어떤 비밀이?

전기뱀장어에는 어떤 비밀이?

▲전기뱀장어

　공상 과학 영화 속에는 강력한 광선이나 전기를 이용하는 능력을 가진 주인공들이 많이 등장한다. 슈퍼맨은 배에 뚫린 구멍을 막기 위해 눈으로 강력한 광선을 쏘아 철판을 녹여 용접을 한다. 스타워즈에 나오는 악당은 손으로 전기 번개를 쏘아 정의의 용사를 괴롭힌다. 전자 인간 오토맨은 전기처럼 전선을 타고 이동을 할 수 있으며, 전기를 자유자재로 사용한다.

　영화 속의 주인공처럼 전기를 자유롭게 사용할 수 있는 능력을 지니면 어떤 일들을 할 수 있을까? 정전이 되어도 직접 만들어 낸 전기로 컴퓨터 게임을 마음대로 할 수 있고, 휴대 전화나 MP3와 같은 휴대용 전자 제품을 충전

할 필요도 없다.

　그런데 진짜로 전기를 만들어 내는 녀석들이 있다. 바로 몸길이가 2m나 되는 무시무시하게 생긴 전기뱀장어! '빠지직!' 전기뱀장어가 전기를 내뿜으면 말도 단숨에 쓰러뜨릴 수 있을 정도로 강력하다고 한다. 전기뱀장어는 600V 이상의 강력한 전기를 발생시켜 먹이를 사냥하거나, 천적[*]으로부터 자신을 방어한다. 그렇다면 전기뱀장어가 만들어 낸 강력한 전기를 활용할 수는 없을까?

전기뱀장어는 살아 있는 발전기

　남아메리카의 원주민들은 강을 건널 때, 말을 먼저 건너가게 하거나, 나무로 물 위를 계속 쳐서 안전을 확인했다고 한다. 남아메리카 원주민들이 강을 건널 때 이런 행동을 하게 된 것은 전기뱀장어 때문이다.

　전기뱀장어는 크기가 약 2m 정도로 몸의 모양은 뱀장어를 닮았으며 빛깔은 다갈색[*]이다. 몸통의 양 옆에는 전기를 발생시킬 수 있는 발선 기관이 있으며, 전기를 내뿜는 어류 중에서 가장 높은 650~850V의 전기를 발생시킬 수 있다고 한다.

　전기뱀장어는 전기로 먹잇감을 기절시킨 다음 잡아먹거나, 자신을 위협하는 적을 물리친다. 하지만 전기를 쉬지 않고 계속 내뿜을 수는 없다. 우리가 힘을 계속 쓰면 피곤해지듯이, 전기뱀장어도 전기를 계속 쓰면 지쳐서 점점 전압이 떨어진다. 그래서 높은 전압의 전기를 내뿜으려면 충전 시간이 필요하다.

▲한 번 전기를 내뿜은 전기뱀장어는 충전 시간이 필요하다.

　남아메리카 원주민들이 강을 건너기 전에 말을 먼저 지나가게 하거나, 나무로 물 위를 계속 친 것도 전기뱀장어가 전기를 내뿜도록 하기 위한 행동이다. 전기뱀장어가 전기를 내뿜은 다음에는 어느 정도 충전 시간이 필요하다는 사실을 원주민들은 알고 있었던 것이다.

크리스마스트리, 전기뱀장어가 밝힌다!

　일본의 한 수족관에서는 정전이 돼도 크리스마스 분위기를 망칠 염려가 없다. 크리스마스트리 옆에 놓인 수조에 전기뱀장어가 든든하게 버티고 있기 때문이다. 일본 기후현 가카미가하라시에 있는 세계 담수어 수족관, '아쿠아 도토기후'. 이곳에는 '전기뱀장어 트리'가 설치돼 있다. 전기뱀장어가 방출하는 전기를 끌어모으는 알루미늄 판

▲전기뱀장어 트리

전극을 수조 안에 설치한 뒤, 전극에 전기선을 연결시킴으로써 트리에 불을 밝힌다.
수족관을 방문한 관광객들은 '매우 자연친화적인 발상'이라며, '나도 이런 전기뱀장어를 집에 두고 싶다.'는 반응을 보이고 있다고 한다.

▲전기뱀장어　　▲전기메기　　▲전기가오리

▲비늘통구멍　　▲나이프피쉬　　▲엘러펀트노즈

전기뱀장어 몸속에 전지가 들어 있다!

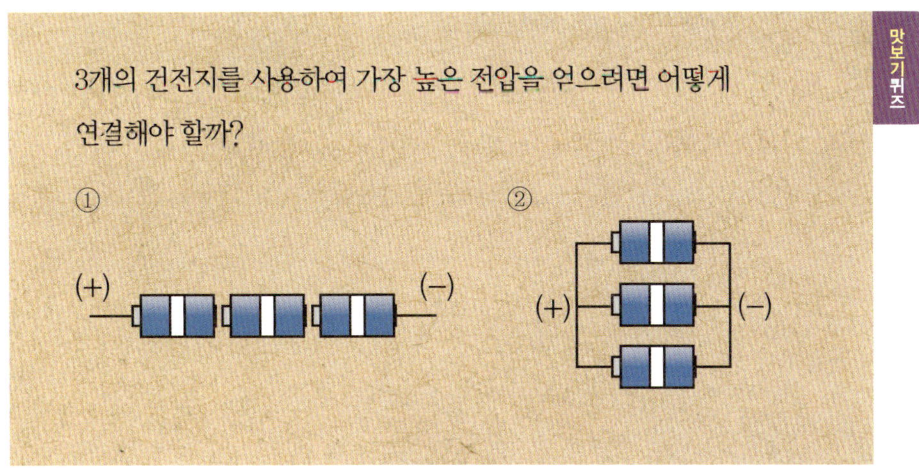

　전기뱀장어가 그토록 높은 전기를 내뿜을 수 있는 이유는 무엇일까?
전기뱀장어의 발전 기관에는 '전기판'이라고 부르는 평평한 세포 5천여

개가 규칙적으로 배열되어 있다. 전기판 하나는 약 0.15V의 전기를 발생시키는데, 서로 직렬로 연결되어 있다. 이것은 전지를 직렬로 연결하는 것과 마찬가지기 때문에, 0.15V짜리 전지 5천 개를 직렬로 연결한 것과 같은 효과가 있다. 덕분에 전기뱀장어는 0.15V×5,000개=750V정도로 높은 전압의 전기를 발생시킬 수 있다.

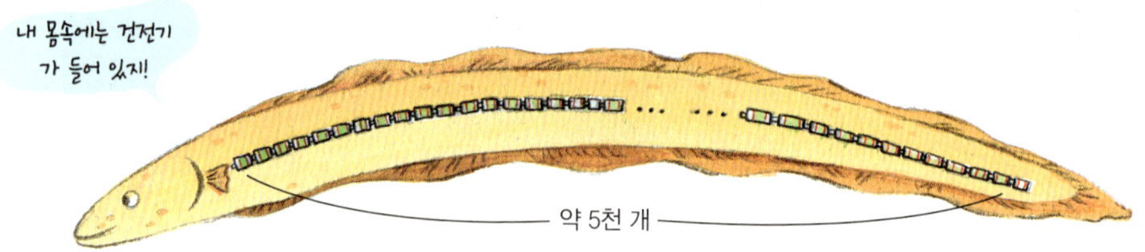

그런데 신기하게도 그렇게 높은 전기를 내뿜는데도 정작 전기뱀장어 자신은 아무렇지도 않다. 그 이유는 무엇일까?

몸속에 있는 5천여 개의 전기판이 늘어선 줄이 140줄이나 되기 때문이다. 140줄의 전기판 줄은 병렬로 연결되어 있어, 전기판 줄 하나에 흐르는 전류의 세기가 물에 흐르는 전류의 세기에 비해 1/140로 작다. 만일 전기뱀장어가 전기판 줄을 하나만 갖고 있다면, 전기뱀장어도 자기가 내뿜은 전기에 무사하지 못할 것이다.

전지의 직렬연결과 병렬연결

한 전지의 (+)극과 다른 전지의(−)극을 붙여 연결하거나, 한 전지의 (+)극에 연결한 전선을 곧바로 다른 전지의 (−)극에 연결하는 것이 직렬연결이고, 여러 전지의 (+)극과 연결한 전선들을 하나로 합치고, 전지의 (−)극과 연결한 전선들도 하나로 합쳐서 연결하는 것이 병렬연결이다.

전류는 어떻게 흐를까?

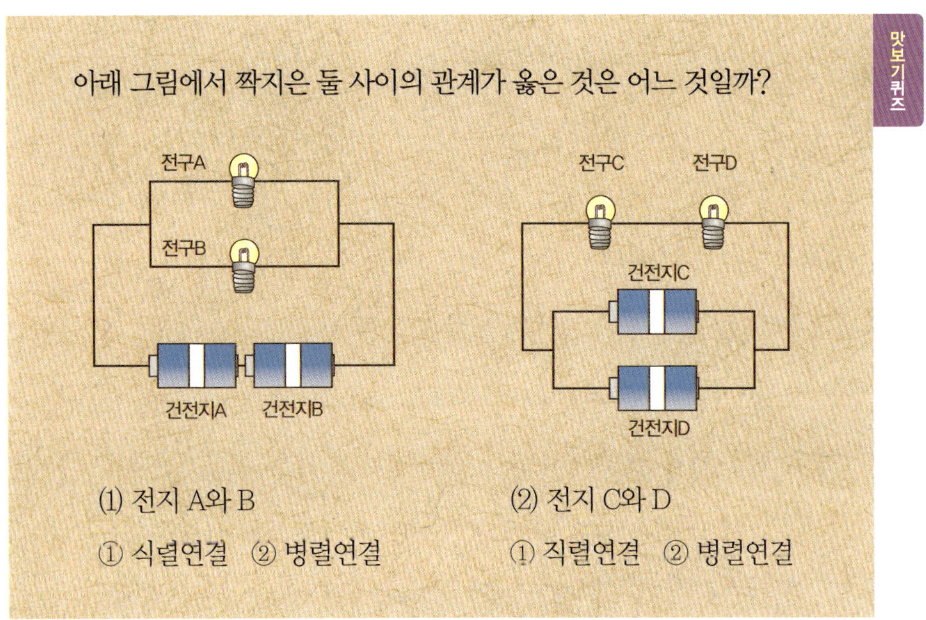

전류는 전지의 (+)극에서 나와 (−)극으로 들어가는 방향으로 흐른다. 전류는 전선을 따라 흐르다가 갈림길을 만나면 나누어지기도 하고, 두 전선이 만나면 다시 합쳐지기도 한다.

전류가 하나의 꼬마전구를 통과한 후에 갈림길을 만나지 않고 다시 다른 꼬마전구를 통과할 때, 이 2개의 꼬마전구는 '서로 직렬로 연결되어 있다.'고 말한다. 반면에 전류가 갈림길에서 두 갈래 또는 그 이상으로 나누어진 다음에 각자 서로 다른 꼬마전구를 지난 다음 다시 합쳐질 때에는 꼬마전구들이 '서로 병렬로 연결되어 있다.'고 말한다.

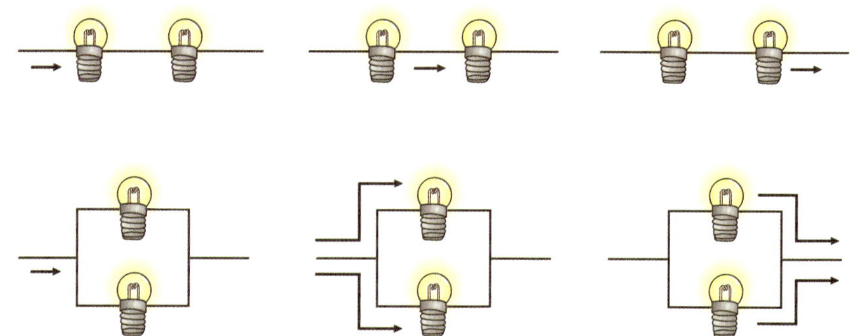

▲꼬마전구의 직렬연결과 병렬연결

　이것은 전지의 경우도 똑같이 적용된다. 한 전지의 (+)극에서 나온 전류가 다른 전지의 (−)극으로 들어가 (+)극으로 나오면 2개의 전지는 직렬로 연결되어 있는 것이다. 두 전지의 (+)극에서 나오는 전류들이 만나 합쳐지고, 다시 나뉘어져서 (−)극으로 전류가 나누어져 들어가도록 연결되어 있다면 병렬로 연결되어 있는 것이다.

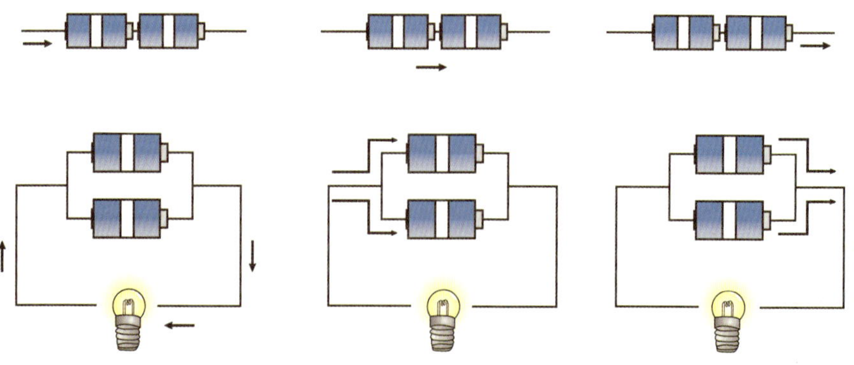

▲전지의 직렬연결과 병렬연결

전압은 어떻게 변할까?

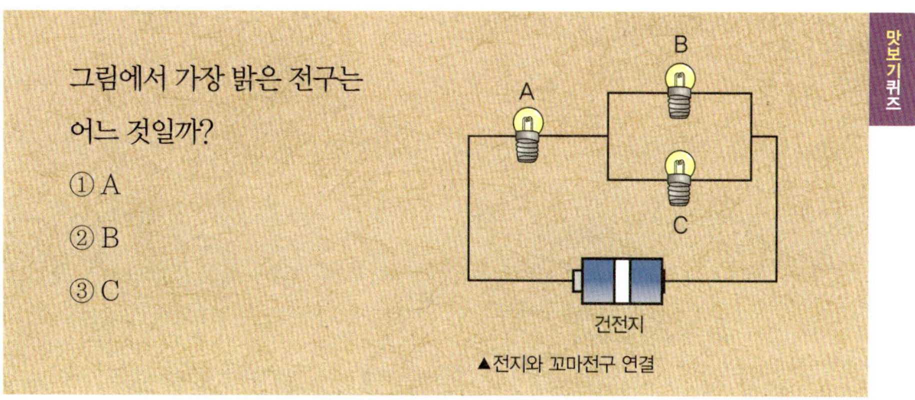

▲ 전지와 꼬마전구 연결

전압은 전기 회로의 각 부분마다 다르다. 전류가 전구를 통과하면서 전기
에너지를 소모해도 전류의 양에는 변함이 없지만 전압은 낮아진다.

전구가 1.5V 건전지 1개에 연결되어 있다면, 전류가 전구를 통과한 후의
전압은 통과하기 전보다 1.5V만큼 낮아진다. 건전지는 1.5V만큼 전압을 높
여 주고, 또다시 전구를 통과하면서 1.5V만큼 낮아지는 것이다.

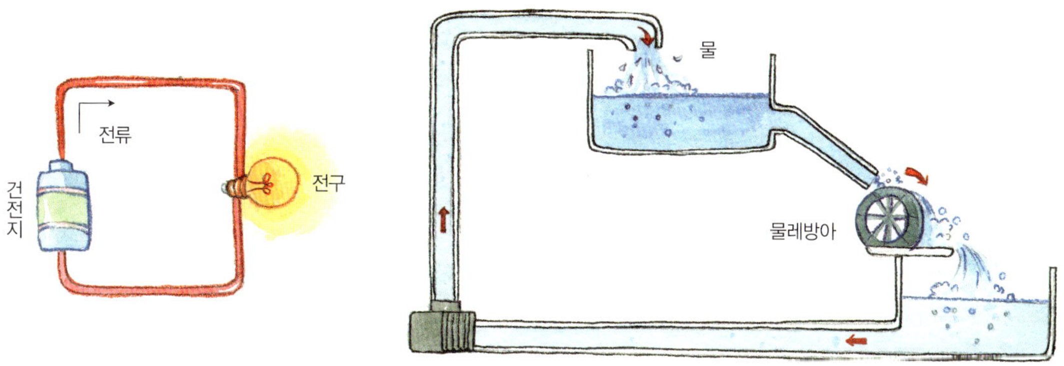

▲ 전기 회로와 펌프(전지), 물레방아(전구), 물(전류) 모형

　1.5V 건전지에 똑같은 전구 2개를 직렬로 연결한 회로에서는 전압이 어떻게 변할까? 첫 번째 전구를 통과한 전류가 두 번째 전구를 그대로 통과한다. 두 전구는 똑같기 때문에 소모하는 전기에너지의 양 역시 똑같다. 그러므로 두 전구에서 전압이 낮아지는 정도도 똑같아야 한다. 전류가 건전지에서 나와 다시 건전지로 들어가는 동안 1.5V만큼 전압이 낮아져야 하므로, 두 전구에서 각각 0.75V만큼씩 전압이 낮아진다.

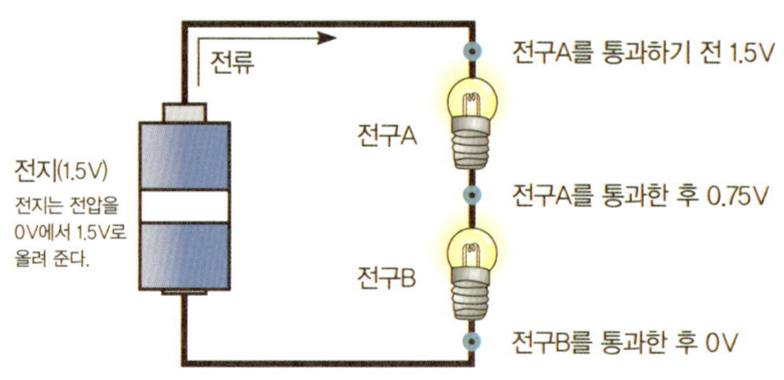

▲ 직렬연결한 꼬마전구 2개의 전압 변화

콘센트는 모두 병렬연결?

　우리가 집에서 쓰는 전기 제품들은 모두 220V용이다. 전기 제품의 플러그를 콘센트에 꽂았을 때, 전기 제품은 직렬로 연결되는 것일까, 아니면 병렬로 연결되는 것일까?

　우리가 사용하는 전기 제품은 거의 모두가 220V를 정격 전압으로 하고 있다. 정격 전압이란 전기 제품이 정상적으로 작동하기 위해 필요한 기준 전압으로, 정격 전압보다 높거나 낮은 전압의 전기를 공급하면 제대로 작동하지 않거나 망가질 수 있다.

우리는 집안 곳곳에서 전기 제품의 플러그를 꽂을 수 있는 콘센트를 발견할 수 있다. 이 콘센트들은 모두 병렬로 연결되도록 설치되어 있다. 벽을 뜯어 직접 볼 수는 없지만, 멀티 탭을 분해해 보면 간접적으로 확인할 수 있다.

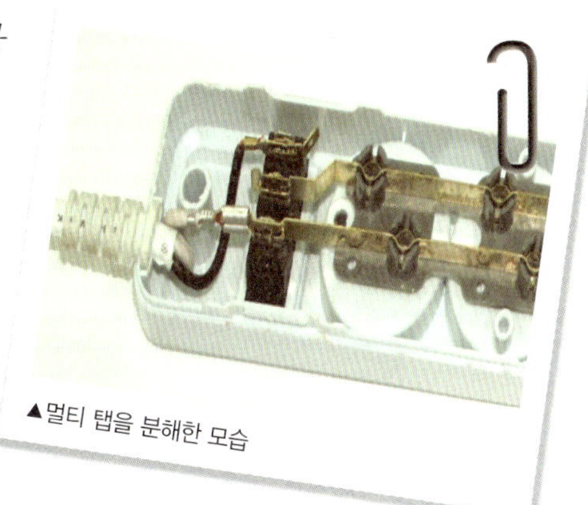

▲멀티 탭을 분해한 모습

멀티 탭 내부를 보면 두 가닥의 전선이 긴 구리판에 연결되어 있다. 두 구리판 중간에 있는 구멍들이 짝을 이루어 새로운 콘센트 역할을 하고, 여기에 전기 제품의 플러그를 꽂으면 두 구리판에 걸쳐 연결된다. 그러면 한쪽 구리판으로 들어온 전류가 여러 개의 전기 제품으로 나뉘어 흘렀다가 반대쪽 구리판에 다시 모여 나간다.

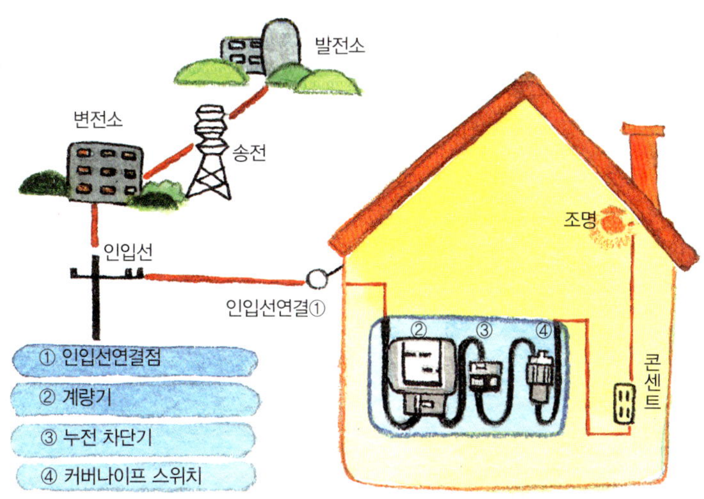

▲전기가 발전소에서 우리 집까지 오는 과정

이처럼 멀티 탭에 꽂혀 있는 전기 제품들은 서로 병렬로 연결되어 있으며, 모두 똑같은 전압의 전기가 공급된다.

문어발식 연결은 위험해!

전기 제품을 문어발식으로 연결해서 사용하면 어떤 문제가 생길까? 모든 전기 제품이 병렬로 연결되어 있으므로, 각 전기 제품에는 정격 전압인 220V에 해당하는 전기가 공급된다. 따라서 전기 제품에서는 별다른 문제가 발생하지 않는다.

문제는 문어발식 연결에 사용되는 멀티 탭의 전선에서 발생한다. 전기 제품을 추가로 연결할 때마다 멀티 탭의 전선에 흐르는 전류의 양은 증가한다. 멀티 탭의 전선은 약간의 저항*을 갖고 있다. 저항을 갖고 있는

저항
전류가 흐르는 것을 방해하는 성질

물체는 전류가 흐르면 보통 열이 발생한다. 열이 발생하면 전선의 온도가 올라가 저항이 증가한다. 저항이 증가하면 전기 에너지의 소모량이 커지고 더욱 많은 열이 발생한다. 이 것이 심해지면 전선의 피복*이 녹으면서 합선*이 일어나 화재가 발생한다.

　그러므로 멀티 탭을 사용하여 문어발식으로 전기 제품을 연결해서 사용하는 것은 가능한 피해야 한다. 멀티 탭을 사용해야만 하는 경우에는 멀티 탭이 견딜 수 있는 한도 내에서만 사용하는 것이 안전하다.

피복
거죽을 덮어씌움. 또는 그런 물건

합선
회로 상의 두 부분이 피복의 손상 등을 이유로 전기적으로 접촉되는 현상을 말한다. 이때 접촉된 부분에는 과량의 전류가 흐르게 되어 발열이 있게 되고 심한 경우 화재나 폭발이 일어나기도 한다.

전기 제품 안전사용 수칙와 이유

젖은 손으로 전기 제품을 만지지 않는다.

보통 상태에서 사람의 몸은 저항이 커서 감전이 잘 되지 않는다. 하지만 피부에 물이나 다른 이물질이 묻어 있으면 몸의 저항이 크게 낮아져서 감전되기 쉬운 상태가 된다.

전기 플러그를 뺄 때는 전선을 잡아당기지 말고, 항상 플러그를 잡고 뺀다.

플러그 안에는 전선 가닥이 단자에 감겨 있거나 납땜으로 연결되어 있다. 이 전선을 무리하게 잡아당기면 연결 부분이 떨어지면서 합선이 일어나거나 전기 불꽃이 튀어 위험한 상황이 발생할 수 있다.

전선이 꼬이지 않도록 한다.

전선이 꼬인 부분에서는 열이 더 잘 발생하기 때문에 화재가 일어날 위험이 있다.

플러그를 꽂을 때는 끝까지 눌러 꽂아야 한다.

플러그가 헐겁게 끼워져 있으면 접촉 부분에 저항 열이 발생하여 화재가 일어날 위험이 있다.

전류의 크기(mA)	인체에 나타나는 현상
1	약간 짜릿한 감을 느낀다.
5	통증을 느낀다. (근육의 자제 기능)
10	참을 수 없는 고통을 받는다.
20	근육이 수축되고 움직일 수 없는 상태가 된다.(근육의 경련 현상)
50	근육이 경직되고 호흡이 곤란하다. (위험한 상태)
100	치명적인 장애 또는 사망에 이른다.

▲사람 몸에 영향을 주는 전류의 양

Chapter 03

빛이 만드는 재미있는 일들

빛이 만드는 재미있는 일들

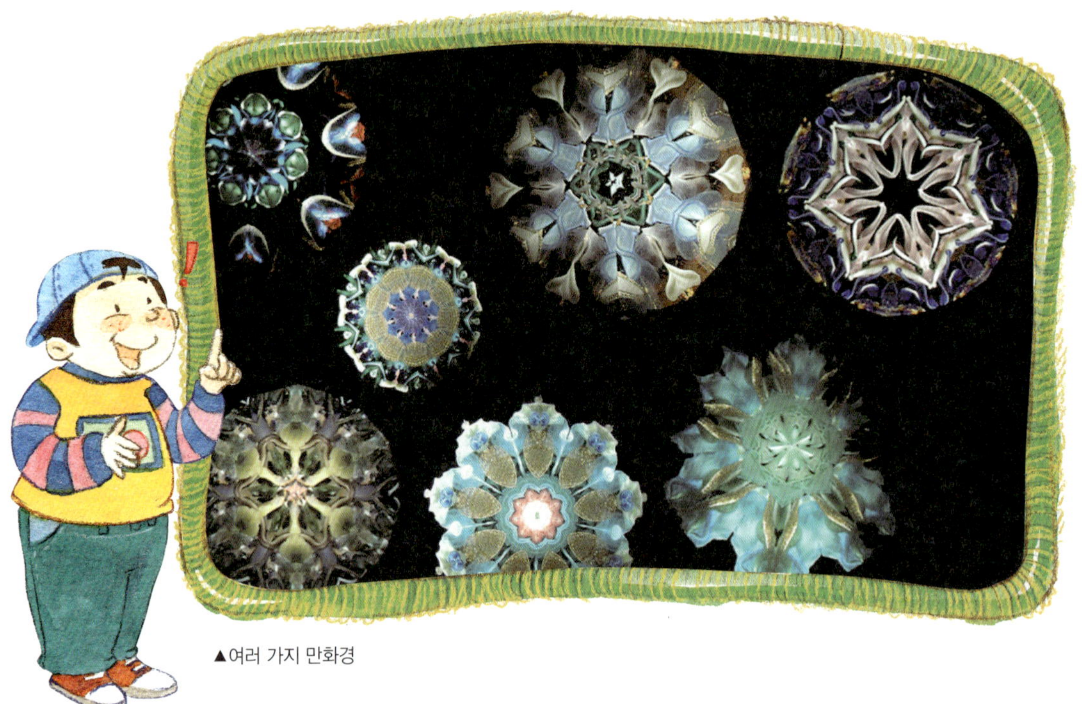

▲여러 가지 만화경

　단순한 구조가 일정한 규칙에 따라 끊임없이 반복되면서 복잡하고 오묘한 모양을 만드는 것을 '프랙탈'이라고 한다. 프랙탈 구조를 바라보고 있으면 그 아름다움에 매료되어 황홀감과 깊은 감동을 느끼기도 한다.

　프랙탈처럼 '만화경'도 아름다운 무늬를 만든다. 만화경 안에 색종이 조각을 몇 개 넣고 들여다보면, 우리 눈에는 무수히 반복되는 아름다운 무늬가 보이는데, 만화경을 돌리거나 흔들어 색종이 조각들의 위치가 바뀌면 순식간에 무늬도 바뀌어 또 다른 아름다운 무늬를 볼 수 있다.

　만화경은 3개의 거울 면이 서로 마주 보도록 붙인 삼각기둥의 형태를 하고 있다. 이 만화경 속에서는 대체 무슨 일이 일어나는 것일까?

거울에서 일어나는 빛의 반사

거울에 비친 물체의 모습을 볼 수 있는 것은 거울이 빛을 반사시키기 때문이다. 햇빛이나 전등에서 온 빛이 물체에 닿으면 빛은 사방으로 퍼진다. 이때 빛은 물체의 색깔에 대한 정보를 담고 있는데, 물체에서 사방으로 퍼진 빛 중 일부가 거울에 닿게 되면 '반사'라는 현상이 일어난다.

빛이 거울에 닿게 되면 반대 방향으로 튕기게 되는데, 이것이 바로 '반사'다. 거울에서 반사되는 빛들이 나아가는 방향을 거꾸로 연장해 보면 거울 속의 한 점에서 만나게 된다.

물체의 각 부분에서 출발한 빛들에 대해서도 이러한 점을 찾을 수가 있다. 이 점들을 모두 합쳐 보면 물체의 모습과 대칭이 되는 모습을 이루게 된다. 우리는 거울을 통해 이 모습을 볼 수 있는데, 이것을 '상'이라고 부른다.

▲ 거울에 반사되는 빛의 방향

물체의 상은 어디에?

물체에서 거울에 수직인 직선과 거울에서 반사되어 나가는 광선 중 하나를 골라 거울 속으로 연장선을 그으면, 2개의 직각삼각형이 맞붙어 있는 모양이 나타난다. 이때 거울 속에서 수직선과 연장선이 만나는 점이 바로 상이

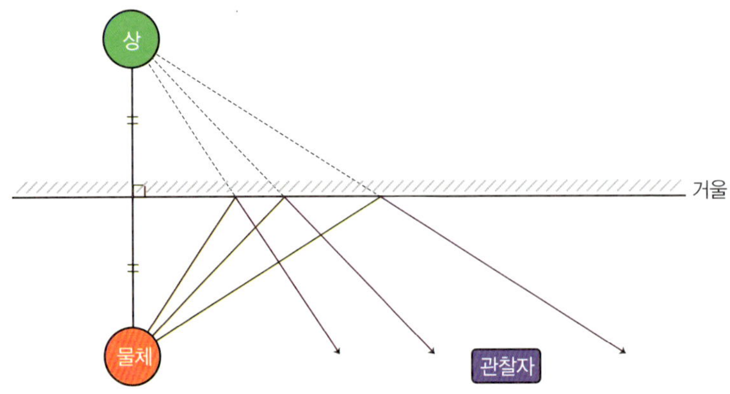

▲거울에서의 빛의 반사와 물체의 상

있는 곳이다. 이 두 직각삼각형을 거울 면을 기준으로 접으면 정확하게 겹쳐진다. 결국 물체에서 거울까지의 거리와 상에서 거울까지의 거리는 같다.

여러 개의 광선 중, 어떤 광선을 선택해도 상의 위치는 같다. 물체에서 출발한 광선들이 거울에서 반사된 후에 우리 눈에 들어오기 때문에 거울을 통해 물체를 보면 마치 상의 위치에 물체가 있는 것처럼 보인다.

진짜일까, 가짜일까?

네모난 손거울과 연필을 세워 놓고 거울 속에 비친 연필이 상의 위치를 찾아보자. 똑같은 연필을 상의 위치에 세워 놓고, 거울을 통해서 보는 모습과 상의 위치에 세워 놓은 연필의 모습을 비교해 보면 서로 같다는 것을 알 수 있다.

그것은 거울에 의해 반사되어 나오는 광선들이 마치 상의 위치에서 나온 것처럼 진행되기 때문이다. 따라서 실제로 우리는 거울을 직접 만져 보거나 거울의 주변을 볼 수 없으면, 이 빛이 거울에 의해서 반사된 빛인지 물체에서 직접 온 빛인지 알 수 없다.

2개의 거울이 마주 보고 있는 경우에는 물체에서 출발한 빛이 두 거울 사이에서 계속해서 반사된다. 오른쪽 거울에서 반사된 빛은 거울 속의 상에서 출발한 것처럼 진행하고, 이 빛은 다시 왼쪽 거울에서 반사된다. 왼쪽 거울에서 반사되는 빛은 오른쪽 거울에 생긴 상의 위치에 물체가 있는 경우와 똑같이 진행한다. 한쪽 거울에 생긴 상이 다른 쪽 거울에 대해서는 물체와 같은 역할을 한다. 이처럼 두 거울 사이에서 반사를 계속하게 되면 거울 속에는 무수히 많은 상이 보인다.

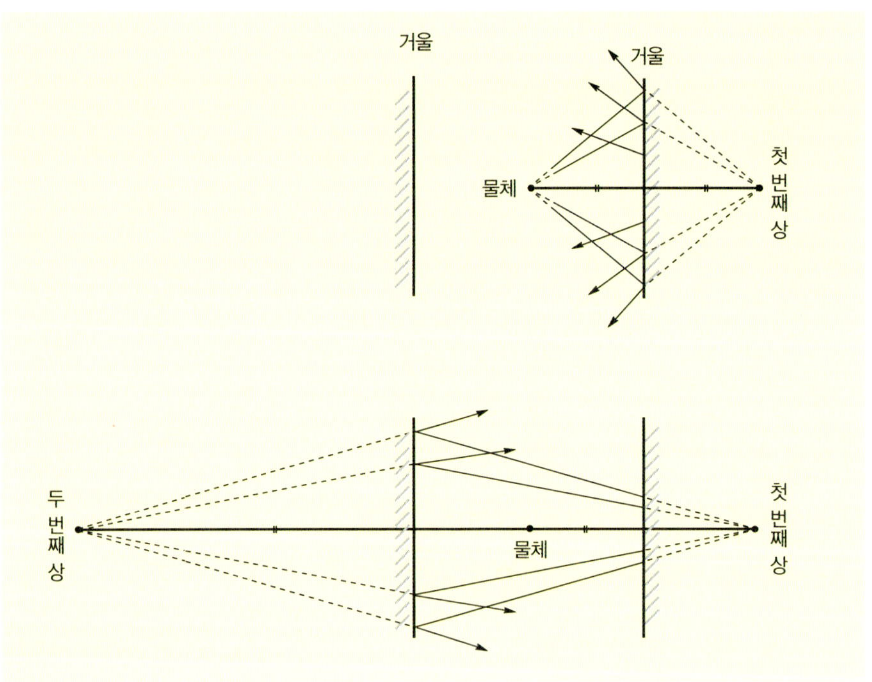

▲마주 본 두 거울 사이에서 일어나는 빛의 반사

오목거울과 볼록거울

볼록하게 휘어 있는 거울 앞에 서면 나는 어떻게 보일까?
① 내 키가 더 큰 것처럼 보인다.
② 내 키가 더 작은 것처럼 보인다.

거울의 표면이 안쪽으로 오목한 거울을 '오목거울'이라고 한다. 오목거울는 빛을 모으는 성질이 있다. 이와는 반대로 거울의 표면이 바깥쪽으로 볼록한 거울을 '볼록거울'이라고 한다. 볼록거울은 빛을 퍼트리는 성질이 있다.

오목거울에 얼굴을 비춰 보면 얼굴이 크게 확대되어 보인다. 반면 볼록거

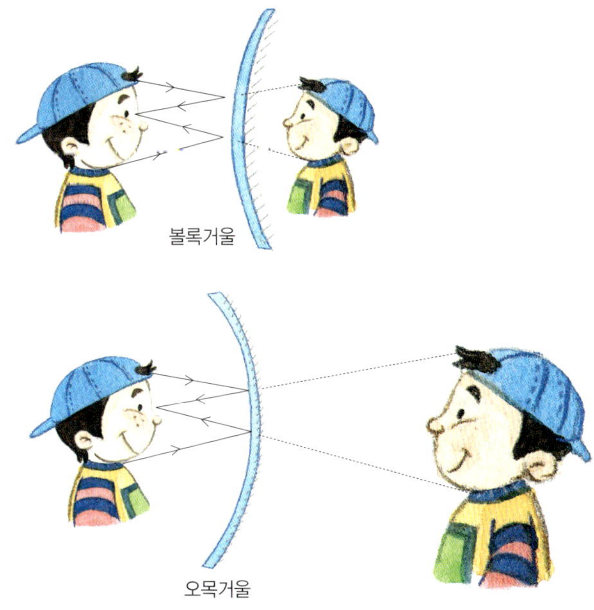

▲볼록거울과 오목거울에 비친 모습

울에 얼굴을 비춰 보면 원래보다 작게 보인다.

오목거울과 볼록거울의 쓰임새

오목거울은 물체의 모습을 크게 확대하여 비춰 볼 때나, 빛을 한 곳에 모아서 빛의 세기를 증가시킨 때 사용한다.

① 물체의 모습을 확대하는 경우 : 욕실에 설치된 면도용 거울은 얼굴의 모습을 확대해 주는 오목거울이다. 수염이 제대로 깎였는지 확인하고, 더 깎아야 할 부분만을 골라 면도를 할 수 있도록 도와준다.

② 빛을 모아주는 경우 : 손전등이나 자동차의 전조등[*]의 빛은 사방으로 퍼진다. 이때 사용하는 것이 바로 오목거울! 전구를 오목거울 안쪽에 놓으면 퍼져 나가던 빛은 반사한 후 한 방향으로 나아가게 된다. 그래서 우리가 비추고자 하는 곳을 밝게 비춰 준다.

▲도로반사경(볼록거울)

▲편의점 천장의 볼록거울

오목거울은 현미경의 반사경으로도 사용된다. 반사경은 들어오는 빛을 모아 관찰하고자 하는 시료[*]를 밝게 비춰 줌으로써 미세한 부분까지 볼 수 있도록 도와준다.

한편 볼록거울은 물체의 모습을 작게 비춰 주기 때문에 같은 면적의 거울로 더 넓은 범위의 영역을 볼 수 있다.

볼록거울은 물체가 작게 보이는 단점은 있지만, 넓은 영역을 효과적으로 감시하거나 관찰하기 위한 목적으로 사용된다. 슈퍼마켓이나 상점에서는 한눈에 매장 전체를 감시하기 위해 천장 구석에 볼록거울을 설치한다. 또한 구부러진 길에는 반대쪽에서 오는 차를 볼 수 있도록 볼록거울 형태인 도로반사경을 설치하여 운전자들이 안전하게 운행하도록 하고 있다.

시료
시험, 검사, 분석 등에 쓰는 물질이나 생물
전조등
기차나 자동차 따위의 앞에 단 등. 앞을 비추는 데에 쓴다.

좌우가 바뀌지 않는 거울!

거울 앞에 서서 오른손을 들면 거울에 비친 나는 왼손을 드는 것으로 보인다. 결국 우리가 매일 거울 속에서 보는 내 모습은 실제로는 좌우가 뒤바뀐 모습이다. 하지만 좌우가 뒤바뀌지 않은 모습을 그대로 비춰 주는 거울도 있다. 이러한 거울을 '정영경'이라고 한다. 정영경을 만들기 위해서는 평면거울 2개와 투명 유리, 물이 필요하다. 평면거울 2개를 직각으로 붙이고, 앞쪽은 투명 유리로 막아 삼각기둥 형태를 만든 후 안에 물을 넣어 만든다. 물을 넣는 이유는 두 거울의 접합 부분이 보이지 않도록 숨기려는 것인데, 만약 두 거울을 표시가 나지 않도록 붙였다면 물은 넣지 않아도 된다.

▲좌우가 바뀌지 않는 거울

연필의 상은 어디에?

거울과 연필을 사용하여 거울에 비친 연필의 상이 어디에 위치하는지 알아보자.

 준비물

똑같은 연필 2개, 네모난 손거울(연필의 길이보다 짧은 것), 네임펜, 자, 도화지

 탐구 순서

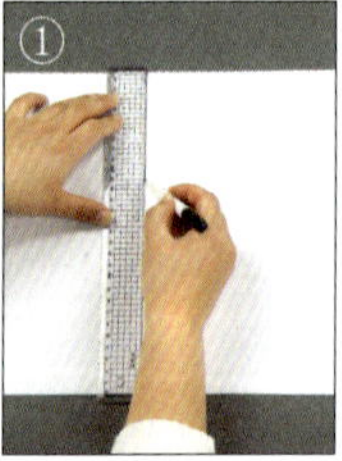 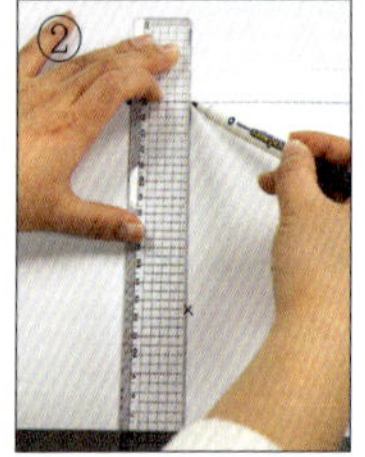

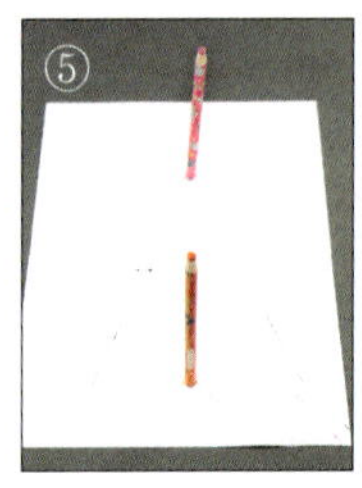 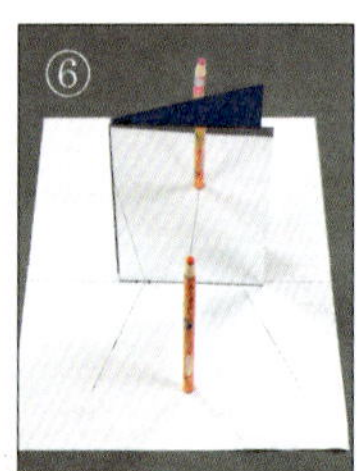

① 종이 위에 거울의 면을 나타내는 직선과 연필을 놓을 위치를 표시한다.

② 연필을 놓을 위치에서 거울에 수직선을 긋는다. 연필을 세워 놓고, 거울에 비치는 연필의 모습을 관찰한다.

③ 곧고 가느다란 자나 막대를 이용하여 거울에 비치는 연필이 곧장 향하는 방향을 찾고, 그 방향을 따라 직선을 그린다.

④ 거울을 바라보는 위치를 바꾸어 ③을 반복한다.

⑤ 거울을 치우고 ③과 ④에서 그린 두 직선을 연장하여 그린 후 만나는 점을 표시한다.

⑥ 한 연필은 물체의 위치에 다른 하나는 상의 위치에 놓고, 다시 거울을 세워 놓는다. 여러 방향에서 거울을 바라보며 연필의 모습을 관찰한다.

실험 결과

거울에 비치는 연필이 곧장 향하는 방향을 따라 직선을 그려 보면, 어느 위치에서든 상의 위치는 바뀌지 않는다는 것을 알 수 있다.

생각 나누기

· 거울에 비친 연필의 상의 모습과 상의 위치에 놓은 연필의 모습은 어떤지 비교해 보자.
· 거울을 바라보는 각도를 바꾸어도 상의 위치가 바뀌지 않는 이유는 무엇일까?

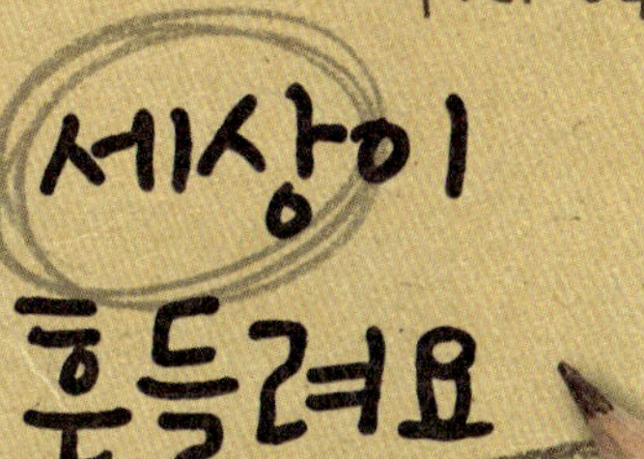

Chapter 04

세상이 흔들려요

세상이 흔들려요

▲아지랑이

뜨거운 여름. 불타는 햇볕이 내리쬐고, 거리를 오가는 사람들의 얼굴은 붉게 상기되어 있다. 참기 힘든 더위에 땀은 흐르고, 계속 부채질을 하지만 더위는 좀처럼 식을 줄 모른다.

이렇게 더운 여름, 거리를 지나가다 보면 아스팔트 위로 아지랑이가 피어오르는 것을 쉽게 볼 수 있다. 아지랑이 때문에 사람이나 자동차의 모습이 흐물흐물하게 보이기도 한다.

이러한 아지랑이와 비슷한 현상은 소금물이나 설탕물에서도 발견할 수 있다. 투명한 물 컵에 물을 넣고 설탕을 넣으면, 아지랑이처럼 울렁거리는 모습이 보인다.

아스팔트에서 피어오르는 아지랑이, 소금물과 설탕물의 울렁거림과 같은 현상은 왜 일어날까?

▲ 설탕 아지랑이

공기, 물과 만난 빛은 어떻게 움직일까?

일반적으로 빛은 균일한 매질* 속에서 직진하는 성질을 갖고 있다. 하지만 공기에서 물로 들어가는 경우처럼 성질이 다른 두 매질이 있는 경우에는 두 매질 사이의 경계면에서 빛의 진행 방향이 꺾인다. 이러한 현상을 '빛의 굴절'이라고 한다.

빛이 굴절할 때 꺾이는 정도는 빛의 진행 방향이 경계면에 대해 얼마나 기울어져 있는가에 따라 달라진다. 경계면에 수직으로 진행하는 경우에는 굴절되지 않고 그대로 들어가지만, 빛의 진행 방향이 많이 기울어질수록 꺾이는 정도가 커진다.

매질
어떤 파동 또는 물리적 작용을 한 곳에서 다른 곳으로 옮겨 주는 매개물. 음파를 전달하는 공기. 탄성파를 전달하는 탄성체 등이 있다.

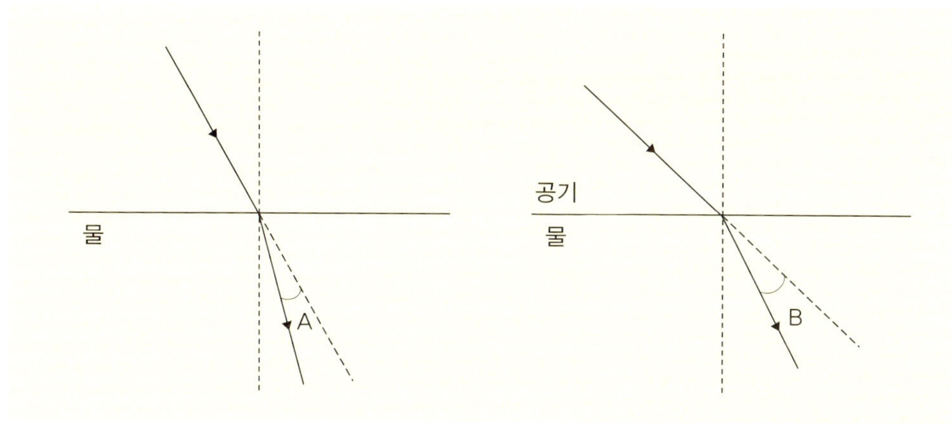

▲ 빛의 굴절 : 빛의 진행 방향이 많이 기울어질수록 꺾이는 정도가 커진다.(B>A)

빛의 굴절은 때때로 우리의 눈을 속인다

유리로 된 음료수 병을 보면 음료가 병의 바깥 면까지 담겨 있는 것처럼 보인다. 그 이유는 무엇일까?

유리로 된 음료수 병을 옆에서 보면 유리병의 두께가 있음에도 불구하고, 음료가 병의 바깥쪽 면까지 담겨 있는 것처럼 보인다.

그림에서 음료의 점 A에서 출발한 빛은 유리병과 공기의 경계면에서 굴절한 후 안쪽으로 꺾여 진행하기 때문에 우리가 볼 때는 마치 B에서 출발한 것처럼 보인다.

▲음료수 병의 빛의 굴절 현상

이러한 이유로 우리 눈에는 음료가 병의 바깥쪽 면까지 담겨 있는 것처럼 보인다. 즉 이러한 음료수 병은 빛의 굴절 현상을 이용한 것으로 음료의 양이 많게 보이도록 하는 시각적 효과가 있다.

굴절률

굴절률은 서로 다른 매질의 경계면을 통과하는 빛이 꺾이는 정도를 뜻한다. 진공에서의 굴절률을 1이라 놓고, 이를 기준으로 다른 매질의 굴절률을 정한다. 경계면에 같은 각도로 진행하는 빛이라도 매질의 굴절률이 큰 쪽이 더 많이 꺾인다.

세라믹스, 유리		고분자	
재료	평균 굴절률	재료	평균 굴절률
석영	1.55	폴리에틸렌(고밀도)	1.545
뮬라이트	1.64	폴리에틸렌(저밀도)	1.51
orthoclase	1.525	폴리 비닐 크롤라이드	1.54~1.55
albite	1.529	폴리프로밀렌	1.47
코런덤	1.76	폴리스티렌	1.59
마그네시아	1.74	셀룰로오스	1.46~1.50
스피텔	1.72	폴리아미드	1.53
실리카유리	1.458	테프론	1.35~1.38
보로 실리케이트	1.47	메놀 수지	1.47~1.50
소다 라임 실리카	1.51~1.52	우레탄	1.5~1.6
orthoclase로 만든 유리	1.51	에폭시	1.55~1.60
albite로 만든 유리	1.49	천연고무	1.52

▲물제에 따른 빛의 굴절률

휘어지는 빛

서로 다른 매질의 경계면에서 빛은 굴절을 하지만 균일한 매질이 계속되는 동안에는 여전히 직진을 한다. 굴절률이 다른 여러 종류의 매질을 굴절률이 큰 순서대로 쌓으면 빛은 굴절을 반복하면서 점점 더 꺾이게 된다. 또한 굴절률이 연속적으로 커지는 매질이 있으면 빛은 부드럽게 휘어진다.

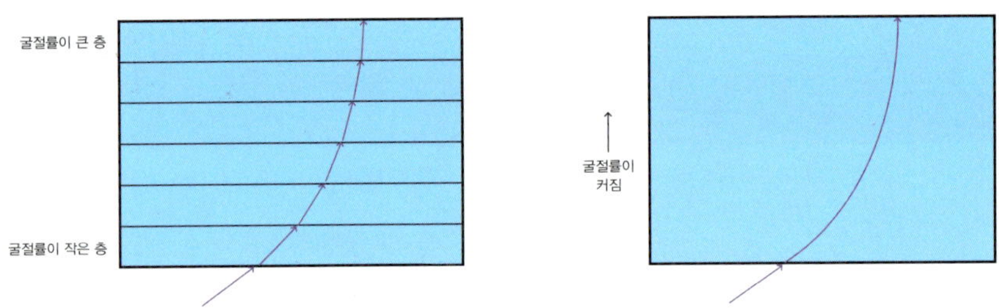

▲굴절률이 다른 매질에서의 빛의 굴절 그래프

반짝이는 별과 아지랑이

맑고 바람이 부는 날에는 별빛이 유난히 반짝거리고, 뜨거운 햇볕이 내리쬐는 여름날에는 아스팔트 위로 아지랑이가 피어오르는 것을 볼 수 있다. 이러한 현상 역시 빛의 굴절 현상에 의한 것이다.

바람이 부는 날에는 대기 중의 공기 밀도가 변화하여 빛의 굴절률에 영향을 준다. 대기 중 공기의 밀도는 균일하지 않고, 어느 부분은 밀도가 크고 어느 부분은 밀도가 낮다. 바람이 불면 공기의 밀도 변화가 심해진다. 이러한 공기의 밀도 변화는 공기의 굴절률을 변화시킨다. 그 결과 별빛이 우리 눈에 많이 들어오기도 하고, 적게 들어오기도 한다. 이 과정을 반복하여 별이 반짝이는 것처럼 보인다.

햇볕이 내리쬐는 여름날에는 아스팔트의 온도가 기온보다도 훨씬 높아진다. 뜨거워진 아스팔트 근처에서 데워진 공기는 팽창함과 동시에 상승한다. 공기가 팽창하면 밀도가 낮아지고, 이에 따라 굴절률도 작아진다. 그 결과 우리 눈에는 아스팔트에서 투명한 것이 연기처럼 피어오르는 현상, 즉 아지랑이가 보이게 된다.

비 온 후에 생기는 무지개도 빛의 굴절 현상에 의해 생긴다. 비가 오고 난 뒤에는 공기 중에 아주 작은 물방울들이 많이 떠다닌다. 햇빛이 이런 물방울 속으로 들어갔다가 다시 나오면서 굴절되면, 여러 가지 색깔의 빛으로 퍼지게 되는데 이것이 바로 무지개다.

렌즈와 빛의 굴절

렌즈는 빛의 굴절 현상을 이용하여 빛을 모으거나 퍼트리는 도구로 보통 유리를 이용해 만든다. 빛은 렌즈의 두꺼운 쪽으로 굴절하기 때문에 볼록렌즈에서는 빛이 가운데 쪽으로 꺾여서 퍼져 나간다. 볼록렌즈는 '돋보기'라고도 하는데, 물체 가까이에 볼록렌즈를 대고 보면 물체의 모습이 확대되어 보인다. 반면에 오목렌즈는 '졸보기'라고 하는데, 볼록렌즈와는 반대로 물체의 모습이 축소되어 보인다.

볼록렌즈와 오목렌즈는 안경, 현미경, 망원경, 사진기와 같은 광학 기기들에 주로 사용된다. 특히 안경은 근시나 원시를 교정하기 위해서 사용한다. 근시는 우리 눈의 수정체가 빛을 망막보다 앞쪽에 모아 주기 때문에 생기며 가까운 물체는 잘 볼 수 있지만 멀리 있는 물체는 잘 볼 수 없다. 이러한 근시를 교정하기 위해서는 눈에 들어오는 빛을 미리 퍼트려 주어야 하므로 오목렌즈를 사용한 안경을 낀다.

반면에 원시는 빛을 모아 주는 수정체의 능력이 부족해서 생긴다. 그래서 멀리 있는 물체는 잘 볼 수 있지만 가까이 있는 물체는 잘 볼 수 없다. 원시를 교정하기 위해서는 빛을 미리 모아 주어야 하므로 볼록렌즈를 사용한 안경을 낀다. 사람은 나이가 들수록 빛을 모아 주는 수정체의 능력이 줄어든다. 이 때문에 나이가 많은 할아버지, 할머니들은 돋보기안경을 많이 쓴다.

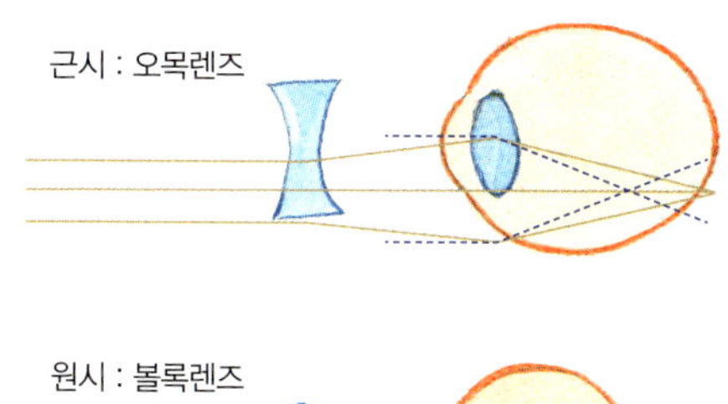

▲근시와 원시

무지개 만들기

분무기를 이용하여 직접 무지개를 만들어 보자.

 준비물

분무기, 물

탐구 순서

① 분무기에 물을 충분히 채운다.

② 햇빛이 비치는 곳으로 나가서 태양을 등진 상태로 분무기의 물을 뿜으면서
무지개를 관찰한다.

생각 나누기

· 무지개는 어디에 생길까?

· 무지개를 볼 때, 나와 태양의 위치와 각도는 어떠한지 살펴보자.

Chapter 05

새들의 고향, 독도

새들의 고향, 독도

▲독도

넓은 동해 한가운데 홀로 솟아 있는 작은 섬 독도. 하지만 독도는 외롭지 않다. 수많은 새들이 독도 옆을 지켜 주기 때문이다.

독도에는 바다제비, 슴새, 괭이갈매기, 황초롱이, 물수리, 노랑지빠귀 등의 조류들이 서식*하고 있다. 또한 매년 며황로, 흑비둘기, 흰 갈매기, 까마귀, 노랑발도요, 딱새 등의 철새들이 찾아와 쉬어 가기도 한다. 그래서 독도는 '새들의 고향'이라고 불린다.

이렇게 독도가 새들에게 인기가 많은 이유는 새들의 먹이인 해양 동물과 해조류들이 독도에 잔뜩 살고 있기 때문이다.

서식
동물이 깃들여 사는 것을 뜻한다.

북쪽에서 내려오는 차가운 바닷물과 남쪽에서 올라오는 따뜻한 바닷물이 만나는 독도 주변의 바다에는 플랑크톤*이 풍부하기 때문에, 자연스럽게 플랑크톤을 먹고 사는 해양 동물과 해조류들이 많다.

그런데 요즘 들어 일본이 부쩍 독도를 자기네 땅이라고 주장해 우리 마음을 아프게 한다. 역사적으로나, 현실적으로나 독도는 우리의 땅임이 명백한데도 일본은 왜 독도를 자기네 땅이라고 하는 걸까?

옛날에는 독도 주변의 황금 어장을 확보하기 위해서라는 추측이 많았다. 그런데 최근에 황금 어장 외에 독도 주변에 엄청난 양의 에너지 자원이 묻혀 있기 때문이라는 주장이 나왔다.

이처럼 남의 땅을 자기네 땅이라고까지 하면서까지 에너지 자원을 확보하려는 일본뿐 아니라, 미래의 에너지 자원을 확보하기 위해 세계 여러 나라가 치열하게 경쟁하고 있다. 우리나라도 해외 유전 개발에 적극적으로 참여하여 에너지 자원 확보에 힘을 쏟고 있다.

이처럼 세계 여러 나라들이 에너지 자원을 미리 확보하려는 이유는 무엇일까?

에너지 자원의 변천

아주 먼 옛날, 우리 인류의 조상은 우연히 불을 발견했다. 불 덕분에 추운 한겨울에도 따뜻하게 지낼 수 있었고, 음식도 익혀 먹을 수 있었다. 불을 피우는 재료로는 나무, 마른 풀, 나무뿌리 등의 땔감이 사용되었다.

▲에너지 자원의 변천 과정

그러나 문명이 발달하면 할수록 나무의 사용량은 점점 늘어났다. 하지만 나무가 자라는 데는 많은 시간이 걸리기 때문에, 나무를 대신할 에너지 자원이 필요해졌고, 이에 따라 등장한 에너지 자원이 석탄과 석유다.

석탄과 석유가 발견된 것은 기원전인데, 본격적으로 사용된 것은 석탄은 중세 시대부터, 석유는 19세기부터라고 한다.

19세기 이후 발전 기술이 발달하면서, 석탄과 석유를 이용한 전기 에너지를 일상생활에 이용할 수 있게 되었으며, 20세기에는 우라늄을 연료로 한 원자력 발전 기술이 개발되었다.

현재 우리가 이용하고 있는 에너지 자원은 석탄, 석유, 천연가스, 우라늄 등 광물 자원이 대부분을 차지하고 있다.

태양으로부터 오는 빛의 에너지

맛보기 퀴즈 밤에는 기온이 내려가고 낮에는 올라가는 이유는 무엇일까?

태양은 지구로부터 1억 5천만km나 떨어져 있다. 지구에서 태양까지 걸어서 가면 4천 년 이상 걸리고, KTX 고속 열차를 타고 가도 60년이 넘게 걸린다!

그런데 이 먼 거리를 약 8분 20초에 갈 수 있는 존재가 있다고 한다. 그것은 바로 '빛'. 빛은 시속 30만km라는 엄청나게 빠른 속도로 이동할 수 있다.

▲지구에서 태양까지 : KTX 고속 열차로는 60년 이상 걸린다.

밝은 햇볕이 내리쬐는 한낮, 돋보기를 이용하면, 종이에 불을 붙일 수 있다. 왜 이런 일이 가능한 걸까? 태양으로부터 오는 빛이 에너지를 갖고 있기 때문이다. 그래서 우리는 햇볕을 쬐면, 따뜻하다고 느낀다.

또한 태양에서 온 빛은 지구의 물을 증발시킨다. 그렇게 되면, 대기 중에는 수증기의 양이 늘어나서 구름이 만들어지고, 비가 내린다. 이처럼 우리는 태양으로부터 온 빛이 만들어 내는 여러 가지 현상 속에서 살아가고 있다.

태양으로부터 오는 빛이 가진 에너지의 양은 엄청나다. 단 40분 동안에 내리쬐는 태양 에너지의 양은 지구의 모든 사람들이 1년 동안 소비하는 에너지의 양과 맞먹을 정도라고 한다.

만약 태양 에너지를 우리가 이용할 수 있는 에너지로 바꿀 수만 있다면, 태양이 없어지기 전까지는 에너지 부족을 걱정하지 않아도 될 것이다.

40분	지구 전체 인구가 1년간 소비하는 에너지의 양
하루	60억 세계 인구가 27년간 사용하는 에너지의 양
20일	지구에 존재하는 모든 석탄, 석유, 천연가스가 만들어 낼 수 있는 에너지의 양

▲시간에 비유한 에너지의 양

빛의 종류

태양으로부터 오는 빛은 파장에 따라 여러 가지 영역으로 나눌 수 있다. 여기에는 '가시광선'처럼 우리 눈에 보이는 것도 있지만, '적외선'이나 '자외선'처럼 우리 눈에 보이지 않는 빛이 훨씬 더 많다. 여름에 외출하기 전, 선크림을 바르는 것은 자외선 때문이다. 자외선을 너무 많이 쪼이면 화상을 입기도 하고, 심하면 피부암을 유발하기도 한다.

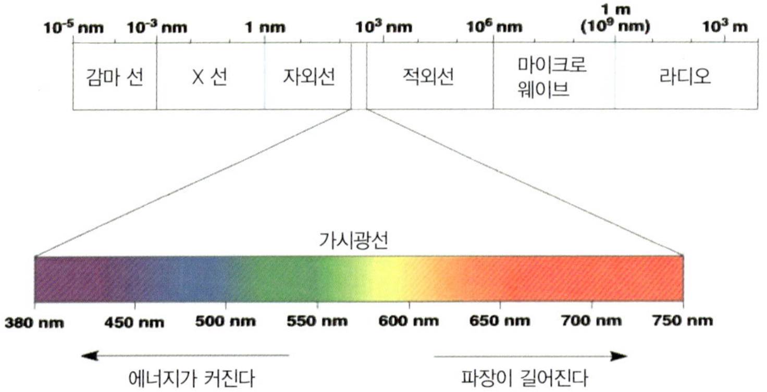

▲스펙트럼

식물의 광합성으로 석탄 탄생!

우리가 사용하는 석탄은 무엇이 변하여 만들어진 것일까?
① 옛날에 살았던 식물
② 옛날에 살았던 동물

▲석탄 생성 과정

식물들이 죽어 깊은 땅속에 묻혔다고 하자. 땅속에 묻힌 식물들이 오랜 세월 동안 높은 압력과 열을 받으면 단단한 고체 상태의 연료가 된다. 이것이 바로 석탄이다. 이처럼 식물이 석탄으로 바뀔 수 있는 것은 '광합성' 덕분이다. 지구에 사는 식물들은 광합성을 한다. 광합성이란 식물들이 태양 에너지를 이용하여 산소를 만들고, 동시에 포도당과 같은 탄수화물을 만들어 내는 과정을 말한다.

결국 광합성을 통해 태양 에너지가 식물에 저장되고, 결국 석탄이라는 화석 에너지의 형태로 전환된다.

무연탄

1960~70년대 우리나라의 주된 난방 연료였던 연탄!

석탄은 탄소 함유량에 따라 이탄, 아갈탄, 갈탄, 역청탄, 무연탄 등으로 분류되는데, 이 중 무연탄이 연탄의 주원료로 사용된다. 무연탄은 고정 탄소의 함유량이 85~95%로 매우 높기 때문에 연기가 별로 나지 않는다. 또한 화력이 강하고, 일정한 온도를 유지하면서 연소하기 때문에, 가정에서 주로 쓰였다.

하지만 연탄은 인체에 해로운 일산화탄소를 발생시켜 겨울철이 되면 연탄가스 중독으로 인명 피해가 많이 발생하기도 했다.

경제의 발전과 함께 연탄보일러 대신 기름보일러를 사용하는 가정이 늘어나면서 연탄의 사용량은 급격하게 줄어들었다.

석유와 천연가스는 어떻게 해서 생길까?

우리가 사용하는 석유와 천연가스는 무엇이 변하여 만들어진 것일까?
① 옛날에 살았던 식물   ② 옛날에 살았던 동물

석유와 천연가스는 동물들이 죽어 땅속에 묻히고, 오랜 세월동안 높은 압력과 열을 받아 부패하면서 만들어진다. 동물은 식물이나 다른 동물을 잡아먹고 산다. 결국 석유와 천연가스도 태양 에너지가 전환된 것이라고 할 수 있다.

석유는 자동차나 발전소의 연료로 사용될 뿐 아니라 합성수지, 합성 섬유, 합성 고무, 페인트 원료, 합성 세제, 계면 활성제, 비료, 공업 약품, 농업 약품, 의약품 등 많은 제품을 만드는 데 사용되고 있다. 이처럼 석유는 현대 사

▲석탄, 천연가스 생성 과정

회에서 매우 유용하게 사용되고 있는 중요한 자원이다.

석유는 제1차 세계 대전을 계기로 경제적·군사적인 중요성이 높아지면서 이제는 국제 정세를 좌우하는 중요한 요인이 되었다. 최근 중동 지역에 전쟁 발발에 대한 긴장감이 감도는 것도 중동 지역에 석유 자원이 풍부하기 때문이다.

부모님으로부터 "기름값이 올라서 큰일이다!"라는 말을 한 번쯤 들어 본 적이 있을 것이다. 우리나라에는 매장된 석유 자원이 없기 때문에, 모두 외국으로부터 수입을 한다. 그렇기 때문에 국제 유가는 우리나라 경제에 큰 영향을 줄 수밖에 없다.

위치 에너지와 수력 발전

맛보기 퀴즈

높은 곳에 있는 물체는 에너지를 가지고 있을까?
① 있다   ② 없다

▲ 물레방아

우리 조상들이 사용했던 물레방아는 높은 곳에 있는 물을 떨어뜨려서 물레를 돌리도록 되어 있다. 이 물레의 축에 방아를 연결하여 곡식을 찧거나, 탈곡이나 제분을 했다.

물레방아는 어떤 에너지를 이용하는 걸까? 높은 곳에 있는 물체는 '위치 에너지'를 가지고 있는데 높으면 높을수록 위치 에너지는 더 커진다. 물레방아는 위치 에너지를 이용한다. 높은 곳에 있는 물! 물이 가진 위치 에너지 중 일부가 떨어지면서 운동 에너지로 바뀌는데 이것 때문에 물레방아가 일할 수 있다.

수력 발전의 원리도 물레방아와 비슷하다. 다만 물레방아가 위치 에너지를 운동 에너지로 바꾸는 과정에 운동 에너지를 전기 에너지로 바꾸는 과정이 더해졌을 뿐이다.

수력 발전을 위해서는 강을 막아 댐을 짓는다. 댐의 상류에 물을 가두었다가 수문을 열고 물을 댐의 하류로 떨어뜨리면서 발전기에 연결된 터빈을 돌린다.

터빈이 돌아가면 터빈 내부에 설치된 코일이 따라 회전하면서 전자기 유도 현상*이 일어나 전류가 생성된다.

전자기 유도
도체 주변에서 자기장을 변화시키면 도체에 전압이 유도되어 전류가 흐르는 현상

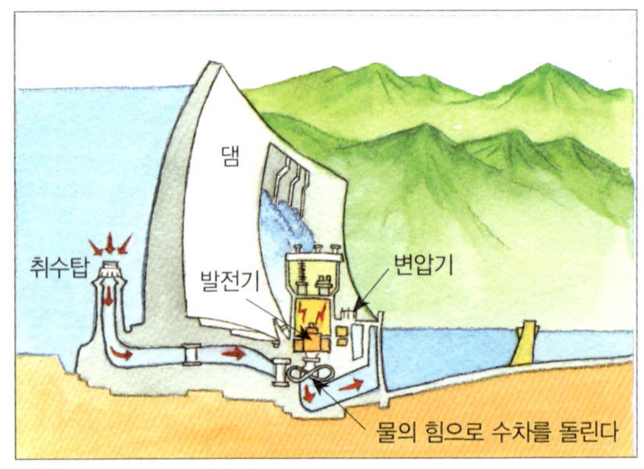

▲ 수력 발전

화력 발전과 원자력 발전

다음 중 연료가 필요한 발전 방식은 어느 것일까?
① 화력 발전   ② 수력 발전

화력 발전과 원자력 발전은 증기의 힘을 빌려 화석 에너지와 원자력 에너지를 전기 에너지로 바꾼다.

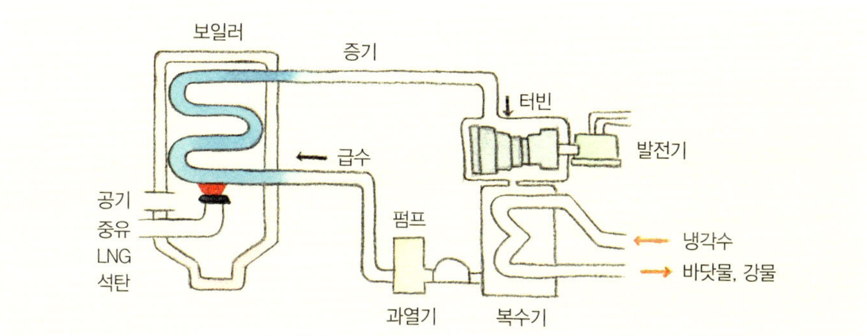

▲화력 발전

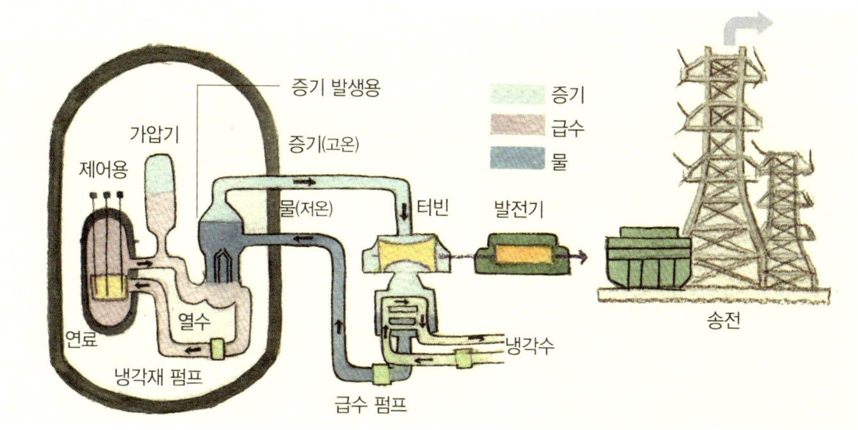

▲원자력 발전

화력 발전은 석탄, 석유, 천연가스 등을 연소시켜 물을 끓이고, 이때 나오는 증기의 압력을 이용하여 전기를 생산한다. 원자력 발전은 핵분열 과정에서 나오는 에너지로 물을 끓이는 것을 제외하고는 화력 발전과 같다.

화력 발전은 발전량을 쉽게 조절할 수 있다는 장점이 있지만 주로 석탄과 석유와 같은 화석 연료를 사용하기 때문에 자원의 고갈·공해 등의 문제를 가지고 있다. 수력 발전은 공해가 적고 자원의 고갈 문제가 적지만 초기 설치 비용이 많이 든다는 단점이 있다.

수력 발전은 연료가 필요 없는 반면에 화력 발전과 원자력 발전은 연료가 있어야 한다. 화력 발전의 주된 연료는 석유와 천연가스이며, 원자력 발전의 연료는 우라늄이다. 현재 우리가 사용하는 전기 에너지 대부분은 화력 발전과 원자력 발전을 통해 얻고 있다.

신재생 에너지

신재생 에너지는 신(新:새로울 신)에너지와 재생 에너지를 통틀어 이르는 말로, 화석 연료와 핵분열을 이용한 에너지를 대체할 수 있는 에너지다.

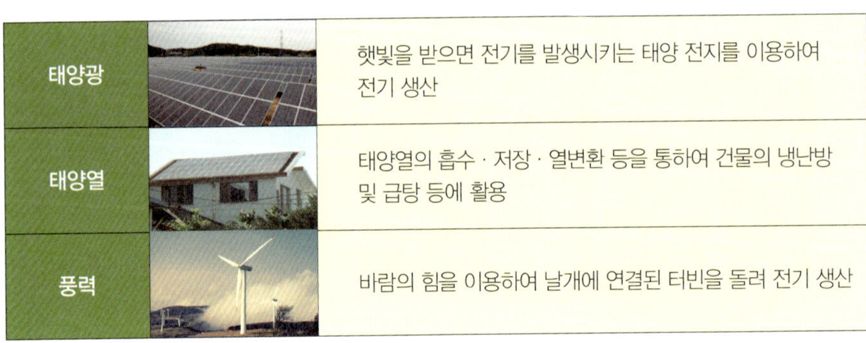

태양광		햇빛을 받으면 전기를 발생시키는 태양 전지를 이용하여 전기 생산
태양열		태양열의 흡수·저장·열변환 등을 통하여 건물의 냉난방 및 급탕 등에 활용
풍력		바람의 힘을 이용하여 날개에 연결된 터빈을 돌려 전기 생산

▲신재생 에너지의 종류

에너지 자원 확보 경쟁과 에너지 절약의 필요성

현재 사용 중인 에너지들을 대체할 새로운 에너지 자원들이 등장하고 있다. 그럼에도 불구하고 우리는 에너지를 절약해야 한다고 한다. 그 이유는 무엇일까?

석탄, 석유, 천연가스와 같은 에너지 자원은 수억 년에 걸쳐 만들어졌다. 그런데 우리 인류는 불과 100년 조금 넘는 기간에 절반 이상을 벌써 사용하고 말았다. 경제가 발전하면서 에너지의 사용량은 급증하고 있어, 화력 발전의 주된 연료인 석유와 천연가스의 고갈 시기는 앞으로 각각 40년과 60년 정도로 예상되고 있다. 또한 원자력 발전의 연료인 우라늄의 고갈 시기는 앞으로 250년 정도로 예상된다고 한다.

수력 발전, 태양열 발전, 풍력 발전 등은 에너지원은 무한하지만, 수력 발전을 위해 필요한 댐은 특정한 지역에만 건설할 수 있고, 태양열 발전과 풍력 발전은 엄청나게 넓은 장소가 있어야만 가능하다. 이처럼 에너지원은 무한해도 우리가 사용할 수 있는 양에는 한계가 있을 수밖에 없기 때문에 우리는 항상 에너지 절약을 해야 한다.

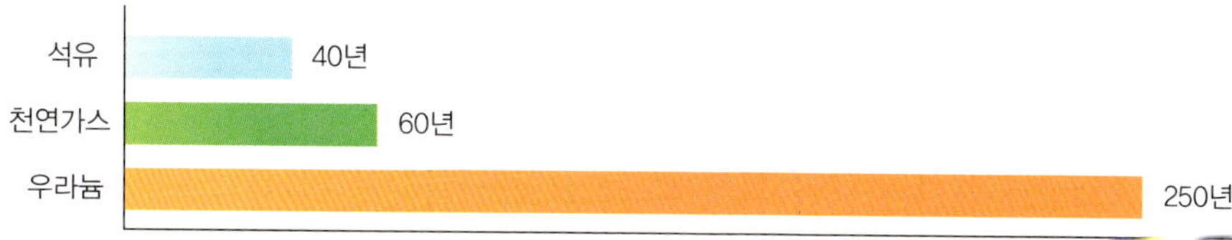

▲ 에너지 고갈 시기

대기전력 줄이기

 **대기전력이 무엇일까?**

대기전력은 전기제품을 사용하지 않는 동안에 소비되는 전력으로 리모컨의 신호대기, 타이머 또는 모니터 표시 등과 같이 정보를 표시하거나 작동을 위한 준비 상태에서 소비되는 전력을 말한다. 예를 들어 TV와 같이 리모컨으로 전원을 켜거나 끄는 제품에서는 전원을 끈 상태에서도 리모컨 수신 상태를 유지하기 위해 전력을 소비한다.

 **모든 전기 제품이 대기전력을 소모할까?**

가전제품들 중에서 전원을 꺼도 정보를 표시하는 창이 있는 전자레인지, 오디오 같은 제품들과 전자식 스위치(소프트 터치)나 리모컨으로 조작하는 제품들은 제품의 스위치를 꺼도 정보 표시와 리모컨 수신을 위해 내부에서 전력을 소모한다. 하지만 기계식 스위치를 사용하는 선풍기, 믹서와 같이 기능이 단순한 제품들은 스위치를 끄면 전원이 완전히 차단되기 때문에 전력을 소모하지 않는다.

하지만 최근에 출시되는 전기 제품들은 사용자의 편의를 위해 다양한 기능을 추가하면서 스위치를 끄더라도 전력을 소모하도록 만들어진 것들이 대부분이다.

▲ 전자레인지

 ### 대기전력 소비량은 얼마나 될까?

전기제품들이 소비하는 대기전력은 가정의 전체 전력 소비량의 11%정도를 차지한다. 1년으로 따지면 한 달 동안의 전기 사용량에 해당하고, 전기 요금으로 환산하면 1년에 35,000원 정도다.

제품	대기전력(W)	제품	대기전력(W)
TV	4.33	휴대전화 충전기	1.72
비디오	5.45	컴퓨터	3.26
오디오	8.61	모니터	2.53
DVD 플레이어	12.20	프린터	3.07
전자레인지	2.77	비디오폰	1.23
라디오 카세트	1.11	세탁기	1.90
유무선 전화기	2.15	외장형 모뎀	6.43
셋톱박스	7.85	비데	3.39

▲제품별 대기전력

자료 : 에너지관리공단, (주)자료: 한국전기연구원

어떻게 하면 대기전력 소모를 줄일 수 있을까?

가장 확실한 방법은 전기제품을 사용하지 않을 때에는 플러그를 뽑아 두는 것이다. 하지만 매번 TV 뒤쪽에 있는 플러그를 뽑고, 책상 밑에 있는 컴퓨터 플러그를 뽑는 것은 정말 귀찮다. 콘센트별로 스위치가 있는 멀티 탭을 사용

하거나 최근 출시되고 있는 대기전력 차단 제품을 사용하면 대기전력 소비량을 보다 편리하게 절감할 수 있다. 인터넷 검색창에 '대기전력' 또는 '대기전력 차단 제품'을 입력하여 알아보자.

대기전력 줄이는 tip

1) 전기제품을 사용하지 않을 때는 플러그를 뽑거나 멀티 탭 스위치 끄기

2) 절전형 멀티 탭으로 바꾸기

3) 자기 전 멀티 탭 끄는 습관 갖기

4) 제품 구매 시 '에너지절약마크' 확인하기

인터넷 검색창에 '대기전력' 또는 '대기전력 차단 제품'을 입력하여 알아보자.

에너지절약마크 : 대기전력 절감 기준을 만족하는 제품에 표시되는 마크

▲ 에너지절약마크

Chapter 06

많은 사람 고생시킨 피라미드

많은 사람 고생시킨 피라미드

▲피라미드

'죽음은 그 날개로 파라오의 평안을 방해하는 자를 모두 죽이리라.'

이집트의 거대한 고대 유적 피라미드. 파라오의 미라가 안치된 방에는 위의 글귀가 적혀 있다고 한다. 이 글귀 때문일까? 피라미드 발굴 당시 무덤에 들어갔던 고고학자가 호텔에서 사망하고, 무덤을 견학한 미국의 한 사업가가 그날 밤 고열로 사망하고 만다.

이러한 사건이 발생하자, 사람들 사이에 '파라오의 저주'에 대한 소문이 퍼지기 시작했다. 이후에도 피라미드 발굴과 관련된 사람들이 원인을 알 수 없는 질병과 사고로 잇따라 죽자 '파라오의 저주'는 사실처럼 받아들여졌다.

하지만 실제로 피라미드 발굴에 참여했던 1천 5백여 명의 사람 중에서 10년 이내에 사망한 사람은 21명뿐이고, 참여한 사람들의 평균 수명이 73세였다고 하니, '파라오의 저주'는 그저 말을 지어내기 좋아하는 사람들이 만들어 낸 뜬소문에 가깝다.

사실 파라오의 관에는 이런 글귀도 적혀 있다고 한다. '왕의 이름을 알리는 자에게 축복이 있으리라.'

▲ 투탕카멘

파라오는 절대 권력을 누리던 왕이었다. 거대한 피라미드만 봐도 파라오의 권력이 얼마나 대단했는지 알 수 있다. 대(大)피라미드를 건설하기 위해 10만 명의 사람들이 3개월씩 교대로 20여 년에 걸쳐서 지었다고 한다.

피라미드를 짓는 데 사용된 돌은 평균 무게가 2.5톤이고, 230만 개에서 250만 개 정도의 돌이 사용되었다고 하니 피라미드 건설에 동원된 사람들의 고생은 이루 말할 수 없었을 것이다.

엄청나게 무거운 돌을 사람이 직접 늘어서 옮길 수는 없었을 것 같은데, 고대 이집트 사람들은 대체 어떤 방법으로 피라미드를 지을 수 있었던 걸까?

쿠푸왕의 피라미드

피라미드는 모두 제 4왕조(B.C. 2600 ~ B.C. 2480)에 만들어졌다. 이 중 가장 큰 것은 쿠푸왕의 피라미드로 높이가 148m(현재 137m)나 된다.

밑변의 길이가 233m인 쿠푸왕의 피라미드는 각 모서리가 동시남북으로 향하고 있으며, 거의 완전한 직각을 이루고 있다. 이 피라미드는 입구와 조그만 내실을 제외하면 모두 석회석으로 이루어졌는데, 돌의 높이는 1m, 폭은 2m이며 길이는 각각 다르다.

무게가 평균 2.5톤인 이 돌을 밑변에서 꼭대기까지 210단으로 쌓아 올렸기 때문에 전체적으로 230만 ~ 250만 개 정도의 돌이 사용되었다고 한다.

230만~250만 개의 돌만 있으면 12만 명을 수용할 수 있는 집을 지을 수 있고, 30cm 길이로 잘라 연결하면 지구의 2/3을 에워쌀 수 있다고 하니, 피라미드를 지을 때, 얼마나 어마어마한 양의 돌이 사용됐는지 알 수 있다.

피라미드 만들기

마트에 가서 장을 볼 때, 장바구니와 카트 중에 어떤 것을 이용해야 힘이 적게 들까? 바퀴 달린 카트를 이용하는 것이 장바구니보다 힘이 덜 든다.

피라미드를 지을 때도 이런 원리를 사용했던 것으로 보인다. 피라미드를 만들 때 사용한 돌은 매우 무겁기 때문에 직접 들어서 옮기기엔 무리가 있다. 또한 땅바닥에 놓고 끌어당기면 지면과의 마찰 때문에 아주 큰 힘이 필요하다.

하지만 원통 형태의 물체를 바닥에 깔아 놓으면 끌어당기는 방향으로 원통이 구르기 때문에 훨씬 적은 힘으로도 무거운 물체를 움직일 수 있다. 따라서 피라

▲ 카트

미드 돌을 옮길 때, 원통 형태의 물체를 바닥에 깔아 놓고, 그 위에 돌을 올려 옮겼다.

그렇다면 무거운 돌을 높은 곳으로 올릴 때는 어떻게 했을까? 이럴 때는 완만한 빗면을 사용했다. 고대에는 강철로 만든 기중기가 없었기 때문에, 돌의 무게를 지탱할 수 있는 장치가 없었고, 대신 빗면을 이용했다.

빗면을 이용하면 운반해야 하는 거리는 늘어나지만 적은 힘으로 물체를 높은 곳까지 끌어올릴 수 있는 장점이 있다.

▲피라미드 만드는 과정

아르키메데스의 지레

아르키메데스는 길이가 아주 긴 지레를 사용하면 지구도 들어 올릴 수 있다고 했다. 과연 이것이 가능할까?
① 가능하다   ② 불가능하다

아르키메데스가 발견한 '지레의 원리'. 지레에는 어떤 원리가 숨어 있을까? 지레는 받침대를 이용하여 막대의 한 지점을 받치고, 한쪽에 힘을 가하여 반

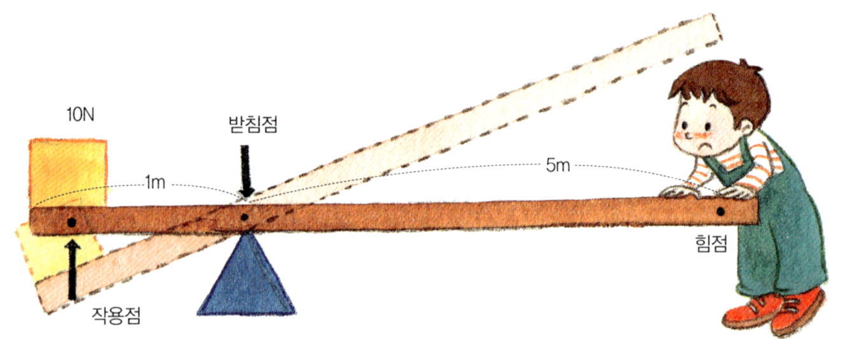

▲지레의 원리

대편에 올려놓은 물체를 들어 올리는 장치다. 이때 막대에 힘을 작용하는 지점을 '힘점', 힘이 막대를 통해 물체에 작용하는 지점을 '작용점'이라고 한다.

힘점에서 받침점까지의 거리를 작용점에서 받침점까지의 거리보다 길게 하면 원래의 힘보다 더 큰 힘을 낼 수 있다. 지레의 양쪽에 작용하는 힘의 크기와 받침점까지의 길이를 각각 곱한 값이 서로 같을 때 최소의 힘으로 물체를 들어 올릴 수 있는데, 이것이 바로 '지레의 원리'다.

힘의 크기 × 힘점에서 받침점까지의 거리 =

물체의 무게 × 작용점에서 받침점까지의 거리

예를 들어 위 그림과 같은 상황에서 물체의 무게가 10N이면, 2N의 힘만으로도 물체를 들어 올릴 수 있다.

$$x \times 5m = 10N \times 1m$$

$$x = 2N$$

그렇다면 "지구도 들어 올릴 수 있다."고 말한 아르키메데스는 지구를 들어 올리기 위해 얼마나 긴 지레를 만들어야 할까? 지구의 질량은 $6 \times 10^{24}kg$

으로 상상할 수 없을 정도로 무겁다. 몸무게가 60kg인 아르키메데스가 지레의 반대편에 올라탄다고 생각해 보자.

$$60\,kg \times x = 6 \times 10^{24}\,kg \times 1\,m$$

$$x = 10^{23}\,m$$

지구와 받침대 사이의 거리를 1m라고 가정하면 받침대에서 아르키메데스가 올라타는 곳까지의 거리는 $10^{23}\,m$나 된다. 이 거리는 지구에서 태양까지의 거리보다도 약 6천 7백 배나 더 먼 거리다.

아무래도 아르키메데스가 말실수를 한 게 아닐까? 이렇게 긴 지레를 만드는 것이 불가능할 뿐만 아니라, 죽기 전에 지레에 올라탈 곳까지 가 보지도 못할 텐데 말이다.

그래도 지레를 사용하면 무거운 물체를 훨씬 적은 힘으로 들 수 있다는 사실을 발견한 아르키메데스가 위대한 과학자 중의 한 사람이라는 것은 분명한 사실이다.

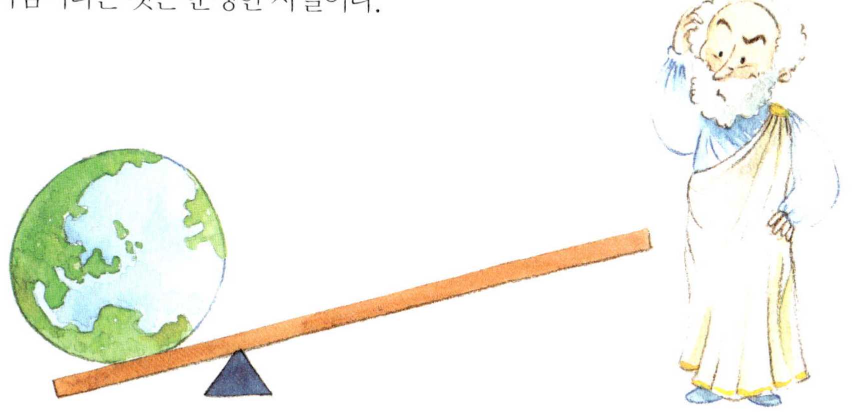

▲지구를 들어 올릴 수 있다고 말한 아르키메데스

우리는 무게를 표현할 때 보통 kg이라는 단위를 쓴다. 하지만 사실 kg은 무게의 단위가 아니라, 질량의 단위다.

정확한 표현을 요구하는 과학에서는 kg이라는 단위를 질량의 단위로만 사용해야 한다. 과학에서 질량은 물질의 양을 나타내고, 무게는 지구가 물체를 잡아당기는 힘의 크기를 말한다. 그래서 무게의 단위로는 힘의 단위와 같은 N(뉴턴, $kg \cdot m/s^2$)을 사용한다.

우리 지구에서 질량과 무게 사이에는 **무게 = 질량×중력 가속도**의 관계가 성립하며, 지구에서의 중력 가속도는 약 $10m/s^2$다.

따라서 질량이 1kg인 물체의 무게는 **무게 = $1kg×10m/s^2$ = 10N**이 된다.

문의 손잡이에 숨어 있는 지레의 원리

방문을 열기 위해서 우리는 문에 달린 손잡이를 돌려야 한다. 이러한 문 손잡이에도 지레의 원리가 숨어 있다.

문에 달린 손잡이는 손에 잡힐 정도로 크지만, 사실 직접적으로 문을 열 수 있도록 해 주는 부분은 아주 작다.

이것은 지레의 원리를 응용한 것인데, 손잡이의 회전 중심이 받침점, 손으로 잡는 손잡이의 바깥쪽 면이 힘점에 해당한다. 그리고 손잡이 안쪽에 있는 잠금장치가 작용점이다. 이처럼 중심축은 같지만 반지름이 다른 두 원통형을 붙여 놓은 형태의 도구를 '축바퀴'라고 부른다.

백화점이나 큰 상점에 가면 유리문의 가운데에 가로로 긴 손잡이가 있는 것을 볼 수 있다. 이 유리문에서도 지레의 원리를 발견할 수 있다. 유리문을 열고 들어갈 때 손잡이의 어느 부분을 잡고 문을 여는지 생각해 보자.

▲손잡이

아마 문의 회전축에서 먼 쪽을 잡고 문을 열 것이다. 문의 회전축 가까이 잡고 문을 열려고 하면 힘이 많이 들기 때문이다. 문에서는 회전축이 지레의 받침대와 같은 역할을 한다. 따라서 힘을 주는 곳의 위치가 문의 회전축에서 멀수록 문을 더 쉽게 회전시킬 수 있다.

지레로 물체를 더 빠르게

지레의 원리를 이용하면 적은 힘으로 큰 힘의 효과를 낼 수 있다. 이러한 지레의 원리를 거꾸로 사용하면 어떤 장점이 있을까?

지레를 이용하여 물체를 들어 올릴 때, 지레 양쪽이 움직이는 거리를 비교하면 힘을 주는 쪽이 물체 쪽보다 더 많이 움직인다. 이 거리의 비는 받침대로부터의 거리 비와 같다.

예를 들어, 물체 무게의 1/3의 힘으로 들어 올리는 지레를 사용하여 물체를 10cm만큼 올리려면, 힘을 가하는 쪽은 30cm만큼 움직여야 한다.

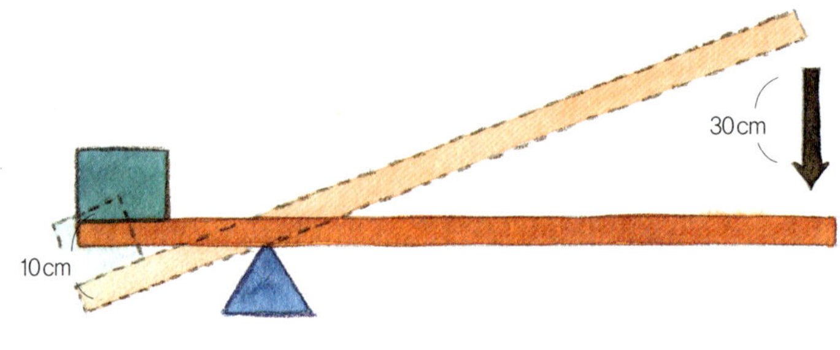

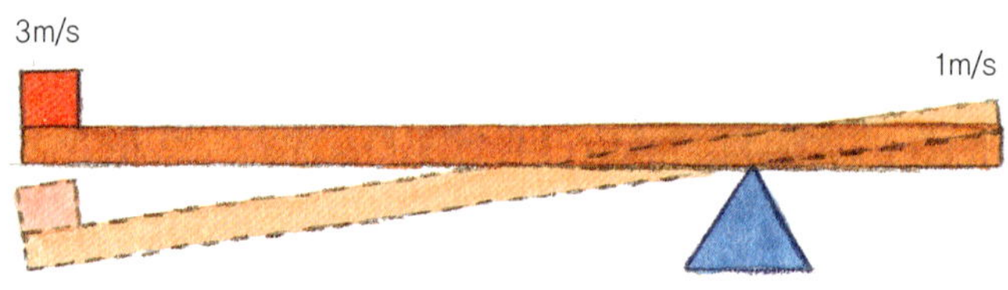

▲역지레의 원리

그렇다면, 물체의 위치와 힘을 가하는 곳의 위치를 서로 바꾸면 어떻게 될까? 물체의 무게에 비해 3배의 힘이 필요한 대신 물체를 3배만큼 더 많이 움직이게 할 수 있다. 그러므로 물체의 무게에 비해 충분히 큰 힘을 가할 수만 있다면 지레의 원리를 거꾸로 이용하여 물체를 빠른 속력으로 움직이게 할 수 있다.

예를 들어 힘을 가하는 쪽이 1초 동안에 1m를 움직였다면, 위치를 바꾼 물체는 1초 동안에 3m를 움직인다. 이것은 1m/s의 속력으로 누르면 물체는 3m/s의 속력을 갖게 된다는 것을 의미한다.

천하장사의 비밀

TV에 가끔 등장하는 차력사는 트럭에 줄을 연결하여 이빨로 줄을 물고 트럭을 끌어당긴다. 또 트럭보다 훨씬 무거운 기차를 끌기도 한다.

'어떻게 저럴 수 있지?' 하고 감탄사가 절로 나오지만, 사실 여기에는 한 가지 트릭이 숨어 있다. 바로 브레이크를 풀어 바퀴가 자유롭게 회전할 수 있게 한 것이다.

이 트릭만 사용하면 여러분도 1톤 트럭 정도는 줄을 이용하여 끌어당길 수 있다. 단, 이빨은 다칠 수도 있으니 절대 사용하지 말자!

무거운 책, 가볍게 옮기기

피라미드 건설 당시 원통 형태의 물체를 바닥에 깔아 놓고 그 위에 돌을 올려 옮겼다고 한다. 이 방법을 쓰면 힘이 적게 들까? 실험을 통해 직접 확인해 보자.

준비물

둥근 연필 1다스, 끈이 달린 무거운 책, 실

탐구 순서

  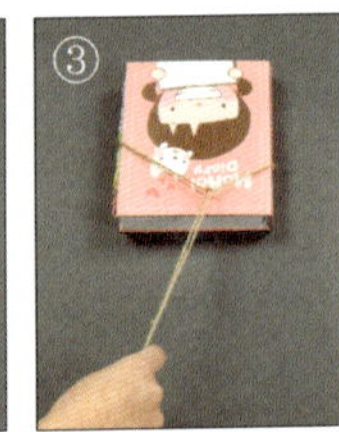

① 둥근 연필을 바닥에 일정한 간격으로 나란하게 늘어놓는다.
② 무거운 책을 올려놓고 연결된 끈을 잡아당긴다.
③ 연필 없이 바닥에 책을 놓고 잡아당긴다.

실험 결과

연필 위에 책을 올려놓고 잡아당기는 것과 그냥 바닥에 놓고 책을 잡아당기는 데는 차이가 있다. 연필 위에 올려놓고 잡아당기는 것이 힘이 덜 든다.

생각 나누기

· 둘 중 어느 경우에 책을 쉽게 끌어당길 수 있을까? 그 이유는 무엇일까?

Chapter 07

롤러코스터에는 동력 장치가 없다는데

롤러코스터에는 동력 장치가 없다는데

▲롤러코스터

높은 곳에서 빠르게 떨어지는 롤러코스터. 땅에 곤두박질칠 것만 같은데, 어느새 하늘 끝까지 올라가고 360° 회전을 하기도 한다. 롤러코스터를 탈 때 느끼는 무중력* 감은 짜릿하면서도 한편으론 무서움을 느끼게 한다.

우리가 놀이 공원에 가면 빼놓지 않는 단골 메뉴가 되어 버린 롤러코스터. 놀랍게도 롤러코스터에는 아무런 동력 장치* 도 없다. 그럼 롤러코스터는 어떻게 움직이는 걸까?

롤러코스터는 자동차처럼 엔진이 없다. 그저 레일 위를 굴러가

무중력

마치 중력이 없는 것처럼 느끼는 현상. 지구 위에서 정지하고 있는 물체는 중력을 받지만 지구 주위를 돌고 있는 인공위성의 경우에는 인공위성과 그 안에 있는 모든 것들이 같이 지구 주위를 돌기 때문에 서로 밀거나 당기는 등의 영향을 전혀 끼치지 않는다. 이 때문에 인공위성 내부에서는 중력을 느낄 수 없다.

동력 장치

기계가 움직이도록 도와주는 장치

는 바퀴와 레일에서 벗어나지 않도록 하는 보조 바퀴만 있다. 뿐만 아니라 바퀴에는 브레이크도 없다.

롤러코스터를 타 보면 알겠지만, 처음부터 빠른 속도로 달리진 않는다. 천천히 높은 곳까지 올라갔다가 한 순간 빠르게 떨어진다. 사실 롤러코스터는 이렇게 떨어지면서 얻는 운동 에너지로 움직인다.

그렇다면 브레이크가 없는 롤러코스터는 어떻게 정지하는 것일까?

전류와 자기장

▲ 외르스테드

전선에 전류가 흐르면 전선 주위에는 자기장이 생긴다. 이 현상을 처음 발견한 사람은 덴마크의 물리학자 외르스테드이다. 1820년 4월의 어느 날, 외르스테드는 학생들을 가르치던 중에 전선에 전류가 흐르면 따뜻해지는 것을 보여 주고 싶어서 긴 철사에 전원을 연결하여 전류가 흐르게 하였다. 그러자 마침 철사 옆에 나란히 놓여 있던 나침반의 바늘이 철사의 방향과 수직하게 회전을 하는 것이었다.

외르스테드는 전혀 예상하지 못했던 현상에 매우 놀라서 이번엔 철사에 흐르는 전류의 방향을 바꿔 보았다. 그러자 이번엔 나침반의 바늘이 반대 방향으로 회전했다. 외르스테드는 전류가 자기장을 발생시켰기 때문에 이런 현상이 발생했다고 생각했다. 왜냐하면 나침반의 자침은 항상 자기장의 방향과 나란히 놓여지기 때문이다.

▲외르스테드 실험 장치

외르스테드가 학생들과 실험을 하던 중에 '전류가 흐르는 도선 주위에 자기장이 생긴다.'는 사실을 발견한 것처럼 과학적 발견은 종종 우연하게 이루어진다.

외르스테드의 소식을 접한 앙페르는 전선 주위에 생기는 자기장의 방향에 대해 관심을 가졌다. 앙페르는 여러 번의 실험을 통해 자기장이 도선 주위를 회전하는 방향으로 생긴다는 것을 발견하였고, 자기장의 방향을 오른손 하나로 쉽게 알아낼 수 있는 '앙페르의 법칙'을 만들었다.

▲앙페르

먼저 전선에 전류가 흐르는 방향으로 오른손 엄지를 전선에 댄다. 그다음 나머지 손가락으로 전선을 움켜잡는다. 그러면 엄지를 제외한 네 손가락은 전선을 중심으로 돌아가는 모양이 된다.

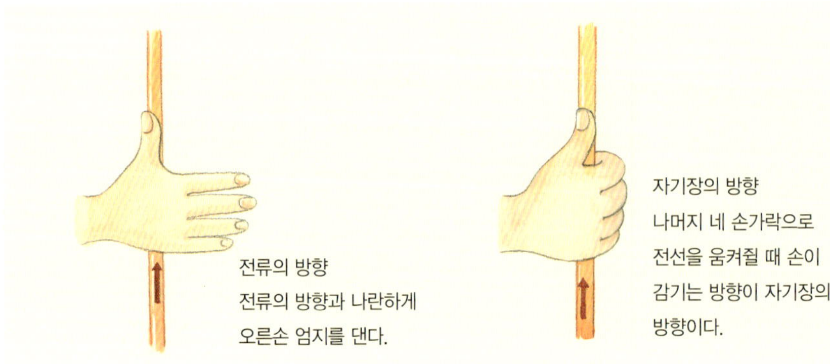

▲앙페르의 오른손 법칙

이때 네 손가락이 돌아가는 방향은 전선에 흐르는 전류에 의해서 생긴 자기장의 방향과 같다.

전선을 원형으로 구부렸을 때의 자기장

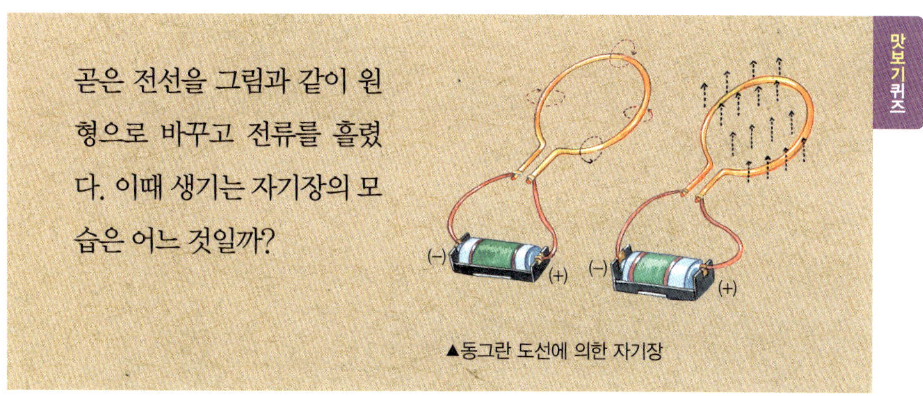

▲동그란 도선에 의한 자기장

곧은 전선을 원형으로 구부린 경우에도 전류가 흐를 때 생기는 자기장의 방향은 앙페르의 법칙을 이용하여 알아낼 수 있다.

원형의 전선을 따라가면서 앙페르의 법칙으로 알아낸 자기장의 방향을 살펴보면 자기장이 원의 안쪽을 통과한 후 바깥쪽으로 돌아서 다시 원을 통과하는 것을 알 수 있다.

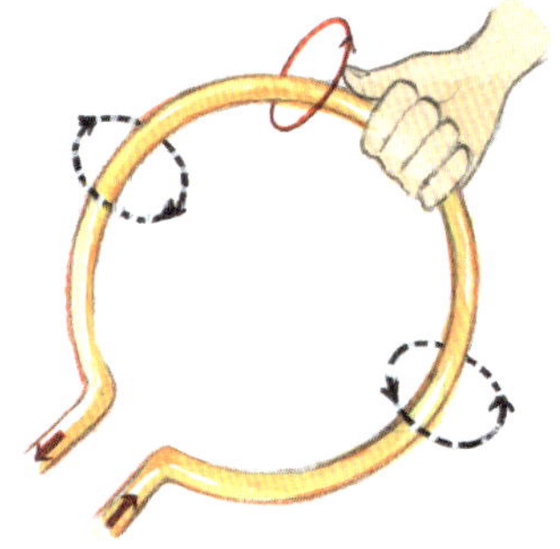

▲전류가 흐르는 원형 전선 주위의 자기장

한편 전류가 흐르는 원형 전선은 자석처럼 N극과 S극을 구별할 수 있다. 자석에서는 자기장의 방향이 N극에서 나와서 S극으로 들어가는 방향이다. 전류가 흐르는 원형 전선 주위에 생기는 자기장의 방향을 생각하면 원형 전

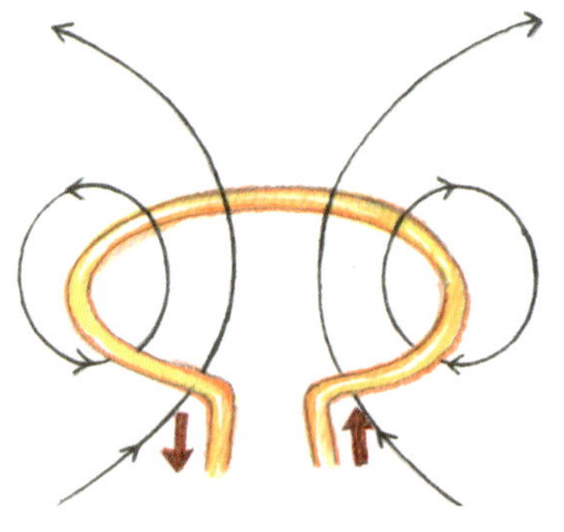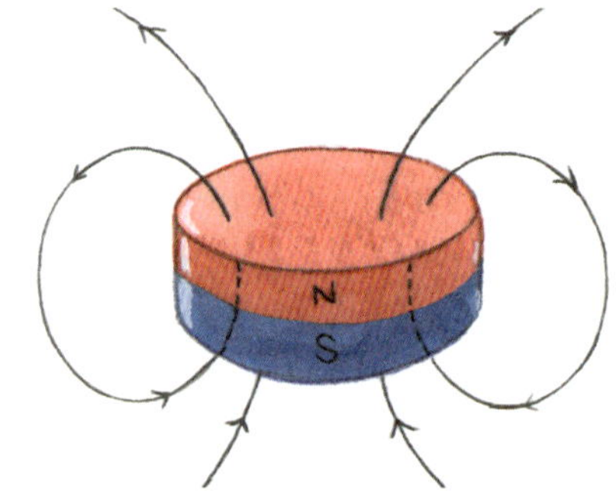

▲ 원형 전선에 의한 자기장

선이 이루는 가상의 면을 기준으로 N극과 S극으로 나누어진다고 할 수 있다. 즉 두께가 종잇장처럼 매우 얇은 자석과도 같다고 할 수 있다.

원형 전선에 전류가 흐를 때 생기는 N극과 S극을 찾을 때에도 오른손을 이용하면 쉽게 알 수 있다. 엄지손가락을 쭉 편 상태에서 나머지 네 손가락을 전류가 흐르는 방향으로 원형 전선 위에 올려놓는다. 이때 엄지손가락이 가리키는 방향이 바로 N극이다.

전선을 많이 감을수록 자기장의 세기도 커질까?

똑같은 원형 전선 2개를 전류의 방향이 같도록 겹쳐 놓으면 원형 전선이 1개일 때보다 자기장의 세기가 강해진다. 그러므로 전선을 여러 번 감으면 그만큼 자기장의 세기도 강해진다. 전선을 3번 감은 코일은 똑같은 원형 전선 3개가 겹쳐진 것과 같다.

하지만 코일로부터 멀어질수록 자기장의 세기는 약해지기 때문에 근처에 쇠붙이를 가져가도라도 각각 감긴 전선이 모두 같은 세기로 영향을 끼치는 것은 아니다. 자기장의 세기는 전선을 촘촘히 많이 감을수록 세진다. 따라서 100번을 감았다고 해서 자기장의 세기가 반드시 100배로 강해지는 것은 아니다.

전기에 의해 만들어진 자석!

클립이나 바늘처럼 철로 된 물체는 자석에 붙어 있는 동안에 자석처럼 변하기 때문에 철로 된 다른 물체를 끌어당긴다. 이와 마찬가지로 코일 안쪽에 철심을 넣으면 철심을 넣고 코일에 전류를 흘려주면 자석이 된다. 이것을 '전자석'이라고 한다. 말 그대로 전기에 의해 만들어진 자석이다.

철심을 이루는 철 원자는 보통 어지럽게 배열되어 있다. 그래서 철심과 같은 덩어리 형태에서는 자석의 성질을 띠지 않는다. 그런데 철심 주위를 두른 코일에 전류가 흘러 한쪽으로 자기장이 생기면 상황이 달라진다. 철심 속의 철 원자들이 자기장의 방향으로 정렬한다. 그리고 전류에 의해 생긴 자기장의 방향과 같은 방향으로 자기장을 형성하여 마치 자석과 같은 성질을 나타내게 된다. 이러한 현상을 '자화'라고 한다.

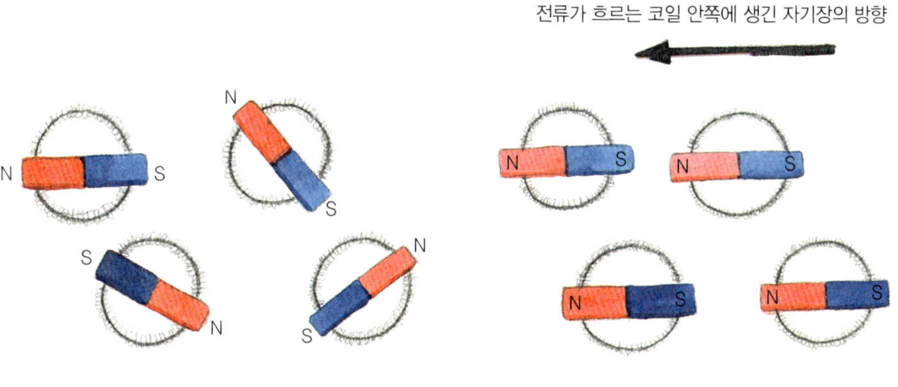

▲ 철심의 자화

철심의 자화로 생기는 자기장의 세기는 코일이 만드는 자기장 세기의 약 1천 배나 된다고 한다. 이러한 성질을 이용하면 아주 강력한 전자석을 만들

수 있다. 또한 전자석은 철심을 코일의 길이보다 길게 해도 그 세기는 별로 줄어들지 않기 때문에 쓰임새에 따라 우리가 원하는 모양으로 만들 수 있다는 장점도 가지고 있다.

전자석을 이용하는 크레인?

우리 생활 주변에서 쓰이고 있는 전자석을 찾아보자!

크레인은 물체를 매달아 한 장소에서 다른 장소로 옮기는 장치다. 보통은 끈이나 밧줄을 이용하여 물체를 매달지만 전자석을 이용하여 물체를 들어 올리는 크레인도 있다. 이런 크레인은 철근이나 철제 골조와 같이 자석에 붙는 것들을 옮길 때 사용한다.

크레인에 설치된 전자석에 전류를 흘리면 무거운 쇠붙이들이 전자석에 철썩 달라붙는다. 원하는 장소로 옮긴 후, 전기를 끊으면 전자석에 붙었던 쇠붙이들이 다시 떨어진다.

이러한 전자석 크레인 중에는 수십 톤에 달하는 매우 무거운 물체를 들어 올리는 것도 있다. 이때 사용되는 전자석은 엄청나게 강해야 한다. 전자석 크레인은 물체를 붙였다 뗐다 하는 것을 전원 스위치 하나로 조작할 수 있기 때문에 아주 편리하다. 하지만 전기를 많이 사용하기 때문에 에너지 비용이 많이 든다는 점과 자석에 붙지 않는 물체는 옮

▲ 전자석 크레인

길 수 없다는 단점도 있다.

이밖에도 전자석은 스피커, 전동기, 스위치 등 우리 생활 속의 다양한 곳에 활용되고 있다.

시속 500km 돌파를 위한 전자석

'자기 부상 열차'라는 말을 한 번쯤은 들어 본 적이 있을 것이다. 자기 부상 열차는 공중에 떠서 움직이는 열차를 말하는데 자석의 힘을 이용한 것이다. 공중에 떠서 움직이면 레일과의 마찰이 전혀 없어서 진동과 소음이 거의 없으며 열차의 움직임을 방해하는 저항 또한 많이 줄어든다.

현재 우리나라의 KTX가 시속 300km 정도의 속력을 내는데, 자기 부상 열차는 시속 500km에 이를 정도로 훨씬 더 빠른 속력을 낼 수 있다고 한다. 이 정도 속력이면 서울에서 부산까지 가는 데 1시간도 안 걸린다.

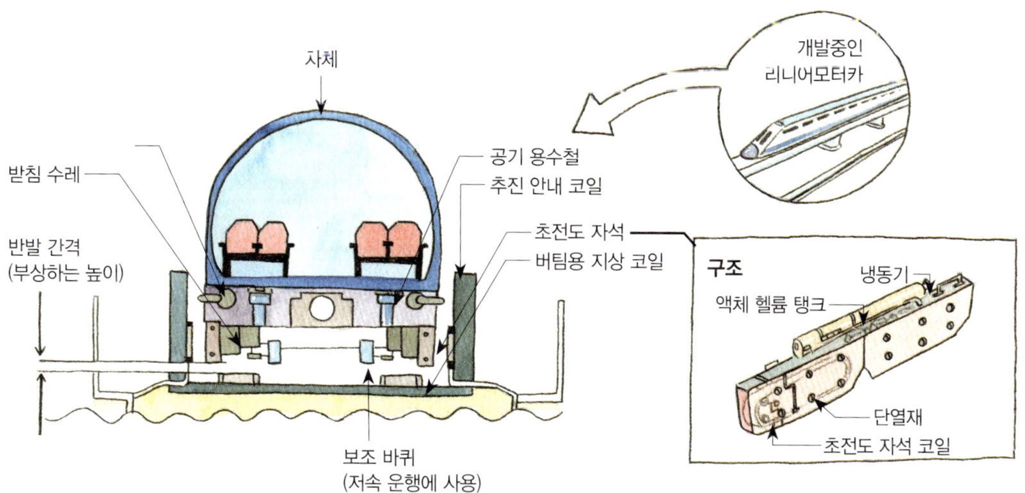

▲ 자기 부상 열차의 구조

이러한 자기 부상 열차의 핵심은 바로 전자석에 있다. 무거운 열차를 공중에 띄워야 하기 때문에 엄청나게 강력한 전자석이 필요하다. 이를 위해 과학자들이 '초전도 자석'이라는 것을 개발하려고 심혈을 기울이고 있다. 초전도 자석이란 초전도체의 코일에 전류를 흘려서 적은 전력으로도 아주 강력한 자기장을 만드는 전자석을 말한다.

하지만 이렇게 강력한 전자석은 승객에게 나쁜 영향을 줄 수도 있다. 그래서 사람의 몸과 자기장 사이의 관계를 조사하거나, 자기장을 차단하는 장치 개발 등 우리 몸을 보호하기 위한 연구도 함께 이루어지고 있다.

초전도체

1911년 네덜란드의 과학자 오네스는 온도가 4.2K(−268.95 °C)에 이르자 수은의 전기 저항이 0이 되는 것을 발견했다. 오네스는 이와 같은 초전도 현상을 보이는 물질을 '초전도체'라고 하였다.

이처럼 물질의 전기 저항이 0에 가까워지는 현상을 '초전도 현상'이라고 한다. 이러한 초전도 현상을 이용하여 시속 500km의 자기 부상 열차를 개발할 수 있다.

▲초전도체

전자석의 원리를 거꾸로 이용하는 마술

과학 수업 시간, 선생님이 마술쇼를 벌였다! 알루미늄 관 속에 떨어뜨린 구슬이 안 나오게 하는 마술이라는데.

“수리 수리 마수리.”

주문을 외우고 동그란 구슬을 알루미늄 관 속에 떨어뜨렸는데 정말로 구슬이 안 나온다. 눈이 휘둥그레질 무렵, 다시 한 번 주문을 외운다.

“나와라, 얍!”

그러자 관 속에서 빠져나오는 구슬. 어찌된 일일까?

사실 선생님이 알루미늄 관 속으로 떨어뜨린 구슬은 자석 구슬이다. 알루미늄 관에 자석을 떨어뜨리면 그냥 구슬이 떨어질 때보다 훨씬 늦게 떨어진다. 왜 이런 일이 생기는 걸까?

이것은 자기장이 생기는 원리를 거꾸로 이용한 것이다. 원형 전선에 자석을 가까이 가져가면 자기장이 생긴다. 하지만 원형 전선은 엄마 말을 안 듣는 청개구리 같은 구석이 있어서, 자기장이 생기는 것을 방해한다. 그래서 자석의 자기장과 반대 방향의 자기장을 만들어 자석을 밀어낸다.

반대로 자석을 멀리 가져가면 자석의 자기장과 같은 방향으로 자기장을 만들어서 자석을 끌어당긴다.

이와 같은 원리로 알루미늄 관에 자석을 떨어뜨리면, 자석의 위치를 기준으로 했을 때 알루미늄 관의 아랫부분은 가까워지는 자석을 위로 밀어내고, 윗부분은 멀어지는 자석을 끌어당기려고 한다. 그래서 알루미늄 관을 통과하는 자석이 천천히 떨어진다.

나침반으로 알아보는 자기장

나침반의 바늘이 가리키는 방향을 살펴보면 자기장의 방향도 알 수 있다. 실험을 통해 알아보자.

 **준비물**

건전지(1.5V), 스위치, 전선, 꼬마전구, 원통(화장지 속 두꺼운 종이), 나침반

 **탐구 순서**

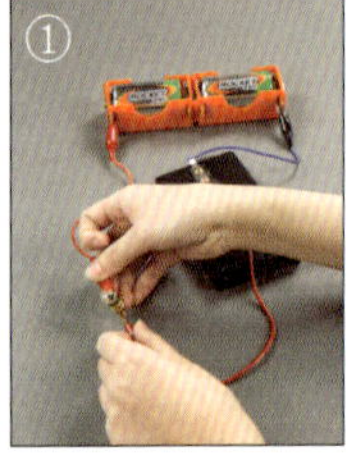

① 건전지, 스위치, 꼬마전구의 순서로 전선을 이용하여 연결한다.
② 스위치와 꼬마전구 사이의 전선을 이용하여 원통의 한쪽 끝 부분에 2~3회 정도 감는다.
③ 나침반을 전선이 감긴 원통의 중앙에 가까이 가져다 놓는다.
④ 스위치를 누르고 나침반의 바늘이 가리키는 방향을 관찰한다.

스위치를 누르면 나침반 바늘이 움직이는 것을 볼 수 있다. 나침반의 자침은 항상 자기장의 방향과 나란하므로 나침반의 자침을 살펴보면 자기장의 방향을 알 수 있다.

· 전선을 감은 방향을 반대로 하면 어떤 변화가 생길까?
· 건전지의 극을 반대로 연결하면 어떤 변화가 생길까?

전자석 더 강하게 만들기

대못에 에나멜선을 감아 전자석을 만들어 보자.

 **준비물**

대못, 에나멜선, 스위치, 1.5V 건전지, 클립

 **탐구 순서**

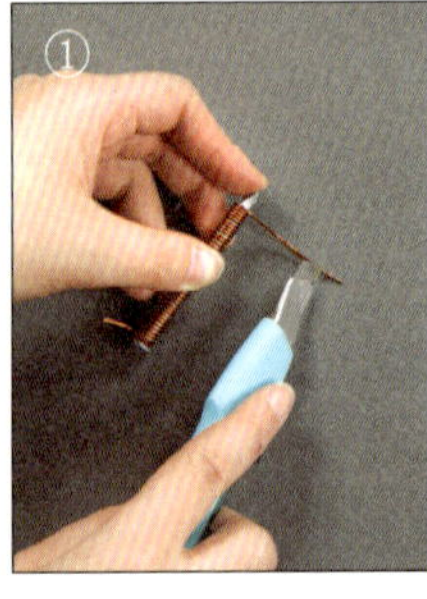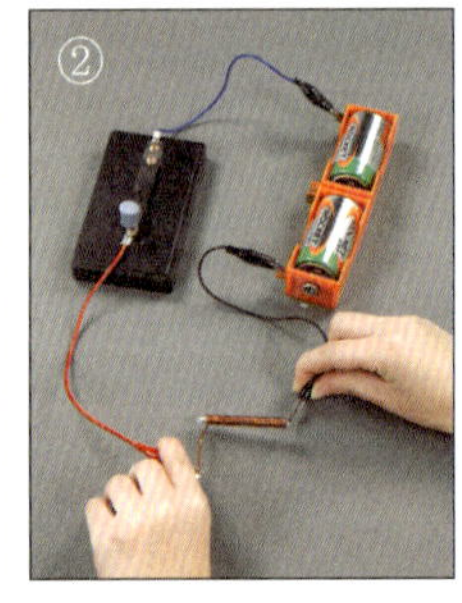

① 대못에 에나멜선을 감은 후, 양끝을 벗긴다.

② 전지, 스위치, 에나멜선의 순서로 연결한다.

③ 스위치를 누른 후 대못에 달라붙는 클립의 개수를 센다.

실험 결과

스위치를 누르면 대못에 클립이 달라붙는다. 왜 그런 걸까? 원래 철은 자석이
아니지만 전류를 흘려주면 자석이 된다. 이것이 바로 전자석!
에나멜선을 감은 대못에 전류를 흘려주었으므로 대못 또한 자석이 되었고 이 때
문에 클립이 대못에 붙게 된다.

생각 나누기

· 어떻게 하면 같은 길이의 에나멜선으로 더 강력한 전자석을 만들 수 있을까?

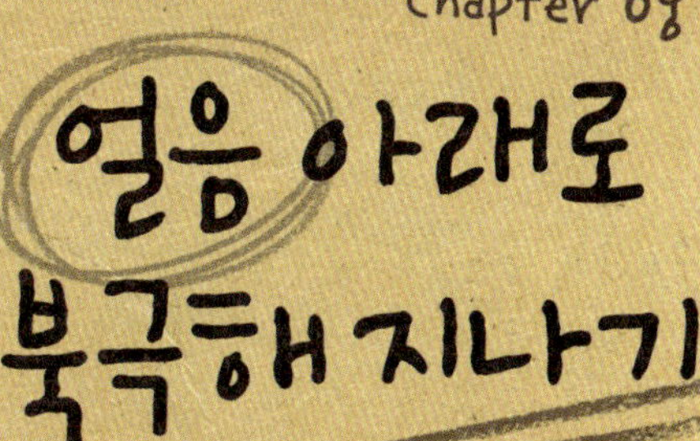

얼음 아래로 북극해 지나기

얼음 아래로 북극해 지나기

▲ 북극해

    하지에는 24시간 동안 낮만 계속되고, 동지에는 24시간 동안 밤만 계속되는 곳, 북극. 북쪽으로 북위 66 이상인 곳을 북극 지방이라고 한다.

    북극 지방은 그린란드, 시베리아, 알래스카, 캐나다, 아이슬란드 등으로 이루어져 있는데, 땅의 2/3 이상이 얼음으로 뒤덮여 있다고 한다.

    하얗고 몸집이 큰 여우와 곰, 그리고 오로라로 유명한 북극 지방을 탐험한 사람들은 어떤 사람들일까? 기록에 의하면 200여 년 전인 1806년 영국의 과학자인 윌리엄 스코즈비가 북극의 바다를 처음으로 항해했고, 1893년 노르웨이의 탐험가 난센은 썰매를 타고 북극점 근처까지 이동했다고 한다.

정확히 북극점에 도달한 사람은 미국의 탐험가 로버트 피어리다. 로버트 피어리는 약 100년 전인 1909년, 50명의 에스키모인과 함께 썰매를 타고 북극점에 도달했다.

그 후 1958년에는 미국 잠수함 '스케이트호'와 '노틸러스호'가 북극 지방을 뒤덮고 있는 만년설 밑으로 들어가 북극해를 가로질렀다. 이들 잠수함은 원자력을 동력으로 사용하기 때문에 한 번 잠수하면, 1년 이상 떠오르지 않고 바다 속에서 지낼 수 있다고 한다. 그런데 잠수함은 어떻게 마음대로 물속과 물 위를 왔다 갔다 할 수 있는 것일까?

최초의 잠수함은 거북선?

최초의 잠수함은 어떤 것이었을까? 최초의 잠수함은 미국 독립전쟁[*] 때 예일대학교 학생이었던 데이비드 부시넬이 고안한 1인용의 터틀호다.

터틀호는 호두같이 생겼고 바닥이 매우 좁았다고 한다. 배에 탄 선원이 추진기를 돌려 동력을 얻었으며, 그 힘으로 앞으로 나아갈 수 있었다.

터틀호의 목적은 영국 전함을 폭발시키는 것이었다. 물속에서 영국 전함에 몰래 접근하여 드릴을 이용해 전함의 측면을 뚫은 후, 그 안에 폭약을 장착한 다음 폭발되기 전에 떠나는 것이다. 그러나 터틀호의 드릴은 구리로 덮여 있는 전함의 옆면을 뚫을 수 없었기 때문에, 실선에

▲ 부시넬 터틀호

서는 쓸모없었다고 한다.

　잠수함은 물속과 물 위를 자유자재로 움직인다. 이렇게 잠수함이 물속과 물 위를 누비고 다닐 수 있는 것은 '부력' 때문이다. 물속에 잠긴 물체는 물 위쪽으로 힘을 받는데, 이처럼 위쪽으로 작용하여 물체를 떠오르게 하는 힘을 부력이라고 한다. 부력은 물속에서 물체의 위쪽 면과 아래쪽 면이 받는 압력이 달라서 나타난다.

집중의 효과

　압정으로 스펀지를 누를 때, 같은 힘을 사용하더라도 어느 쪽으로 누르는지에 따라 눌리는 모양이 다르다. 뾰족한 부분으로 누르는 경우에는 좁지만, 더 깊게 눌린다. 같은 힘이 작용하더라도, 힘이 작용하는 넓이에 따라서 힘이 달라지기 때문이다. 이처럼 넓이(면적)에 따라 작용하는 힘을 따지는 것이 바로 '압력'이다.

　$8cm^2$에 $16N$의 힘이 작용할 때와 $3cm^2$에 $9N$의 힘이 작용할 때를 비교해 보자. 이렇게 면적이 다를 때는 $1cm^2$에 작용하는 힘으로 따져 보면 편리하다.

8cm²에 16N의 힘이 작용한다면 1cm²에는 2N의 힘이 작용하는 셈이다. 또 3cm²에 9N의 힘이 작용한다면 1cm²에는 3N의 힘이 작용하는 셈이다. 힘은 16N의 경우가 크지만 압력을 따져 보면 9N이 작용할 때가 더 크다는 것을 알 수 있다.

N은 힘을 나타내는 단위로 뉴턴이라고 읽는다. 힘과 운동에 관해 위대한 업적을 남긴 과학자의 이름을 딴 것이다. 그럼 1N을 한번 느껴 보자. 100g 물체를 손에 들었을 때, 손이 물체로부터 받는 힘이 1N인데 사과 반쪽 또는 종이컵에 담긴 물 한 컵 정도의 무게다.

공기의 바다 밑에서

책받침에 흡착판을 붙인 다음, 책상 위에 올려놓고 곧장 위로 힘을 줘 보면 잘 들어 올려지지 않는다. 책받침 위에 쌓여 있는 공기의 무게를 이겨 내기 어렵기 때문이다.

만약 가로 20cm, 세로 25cm의 책받침이라면, 그 위에는 500kg의 물체가 놓여 있는 것이나 마찬가지다. 공기는 아주 가볍고 보이지 않기 때문에

▲ 흡착판을 붙인 책받침

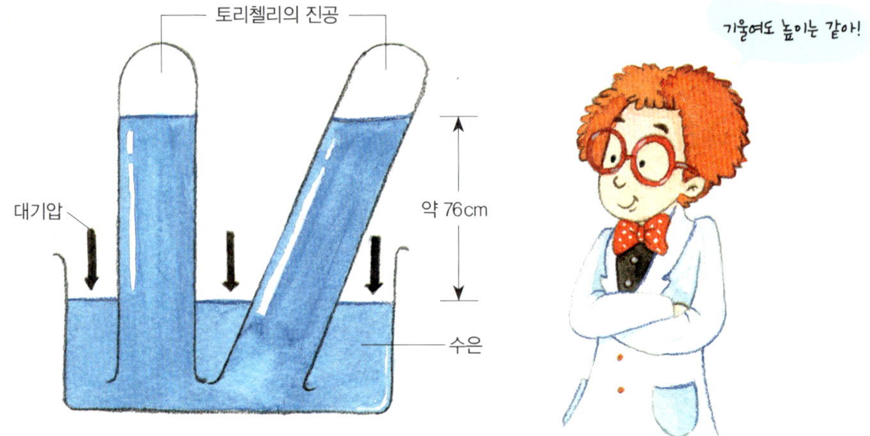

▲토리첼리의 진공 실험

우리는 우리 주위에 공기가 있다는 사실을 잊고 지낼 때가 많다. 하지만 이런 공기가 힘을 합치면, 큰 힘을 낼 수 있다.

그냥 손으로 책받침을 들고 있을 때는 책받침의 양쪽에서 미는 힘이 같아서 공기의 힘을 받는다는 것을 알기 어렵다. 하지만 책받침이 책상 위에 놓였을 때는 공기의 힘이 위쪽 면에만 작용하기 때문에 그 힘을 이겨 내고 책받침을 들어 올리기가 어렵다.

수은을 넣은 그릇 속에 수은을 가득 넣은 약 1m인 유리관을 거꾸로 넣어 보자. 이때 유리관은 관 속에 공기가 들어가지 않도록 주의해야 한다. 신기하게도 유리관 속에 가득 찼던 수은이 내려와 약 76cm 높이가 된다.

이것은 수은 기둥이 바닥을 미는 압력과 수은 기둥 76cm 의 압력이 같기 때문이다. 이때, 유리관의 위쪽에는 거의 아무것도 들어 있지 않다. 이를 '토리첼리의 진공'이라고 한다. 토리첼리는 이 실험을 처음으로 한 사람이다.

물기둥의 경우에는 약 10m까지 받칠 수 있다. 즉 공기의 압력은 물기둥 10m의 압력과 같다.

우리가 빨대로 음료수를 빨아 마실 때, 우리 입이 음료수를 당기는 것이 아니다. 사실은 입 안의 압력을 낮춰서 주변의 공기로 하여금 음료수를 밀어 올리게 하는 것이다. 만일 입 안의 압력을 최대로 낮춰 진공으로 만들면 음료수를 10m까지 올릴 수 있다. 하지만 그보다 높이 올리는 방법은 없다. 아주 힘이 센 슈퍼맨이라도 입 안의 압력을 진공보다 더 낮출 수는 없기 때문이다. 따라서 빨대로는 물을 10m 이상 빨아올릴 수 없다.

높은 곳에 오르면

우리는 물이 100℃에서 끓는다고 알고 있지만 압력이 낮아지면 훨씬 낮은 온도에서도 물이 끓는다.

특히 높은 산에서는 압력이 낮다. 높은 곳에 가면 그 위로 쌓여 있는 공기의 양이 저기 때문에 압력도 낮아진다. 이처럼 입력이 낮은 높은 산에서 밥을 하려고 물을 끓이면, 100℃가 되기도 전에 물이 끓어 버린다. 그래서 밥이 설익고 만다.

높이가 0인 곳에서의 압력은 대략 1천hPa 정도인데, 높이가 약 2천m인 한라산 백록담 꼭대기에 올라가면 약 800hPa, 높이가 약 2천 8백m인 백두산 정상에 올라가면 압력이 약 720hPa로 떨어진다. 보통 사람은 3천m 이상 고도에 올라가게 되면 이상 증세를 느낀다고 한다.

압력의 단위

압력의 단위로는 Pa(파스칼)을 쓰는데, 1㎡에 작용하는 힘의 크기를 나타낸다. 지표면에서 기압은 약 10만Pa이며 이것은 가로 세로 1m인 넓이 위에 1만kg의 물체가 올라 있는 것과 마찬가지다. 일기도에서는 압력을 hPa(헥토 파스칼)로 나타낸다. 여기서 h(헥토)는 100배를 뜻한다.

1만m 높이로 나는 비행기 안의 압력은 어떻게 될까? 이때 비행기 바깥은 공기가 매우 적고 압력도 0에 가깝다. 이럴 경우, 사람이 견딜 수 없어서 비행기에는 따로 공기를 압축하여 압력을 높이는 장치가 있다. 그래서 아무리 높은 곳을 날아도 비행기 안은 약 2천m 높이의 압력인 800hPa 정도의 압력을 유지할 수 있다.

물속에서는 10m 내려갈 때마다 압력이 1기압씩 늘어난다

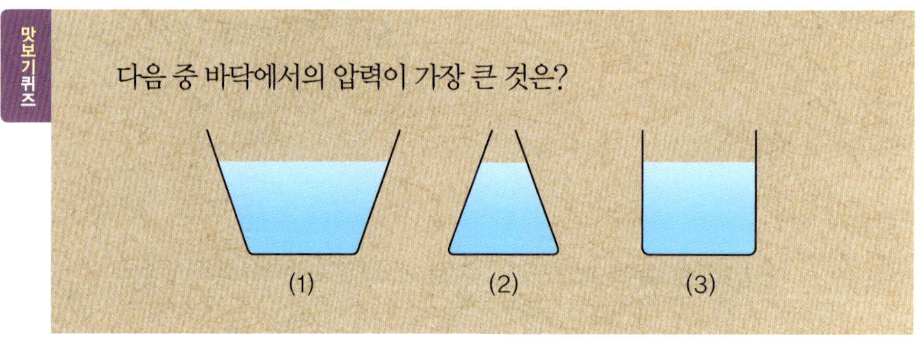

지면에서 공기의 압력은 물기둥 10m의 압력과 같은데, 이때의 기압을 흔히 1기압이라고 한다. 물속으로 들어가면 10m씩 내려갈 때마다 그 위로 쌓인 물의 높이가 10m씩 높아지기 때문에 압력이 1기압씩 늘어난다. 따라서 물속에서 10m 내려간 곳에서는 2기압, 20m 깊이에서는 3기압이 된다. 물속에서의 압력은 물의 깊이에 따라서만 달라지고, 물이 담긴 그릇의 모양이나 전체 물의 양과는 관계가 없다.

부력은 압력 차이에서

물속으로 잠수해 들어가면 몸이 위쪽으로 떠오르려는 느낌을 받는다. 이처럼 물속에 있는 물체는 떠오르는 방향으로 힘을 받는데, 이 힘을 부력이라고 한다. 물체는 어떻게 부력을 받는 것일까?

물속에서 물체의 위쪽 면은 아래로 압력을 받고 아래쪽 면은 위로 압력을 받는다. 이때 압력의 크기는 방향에 관계없이 깊이 들어갈수록 크다. 따라서 물체의 아래쪽 면을 위로 미는 힘이 위쪽 면을 아래로 미는 힘보다 크다. 이것이 부력인데, 부력의 크기는 물속에서 물체가 차지하며 밀어낸 물의 무게와 같다.

유레카!

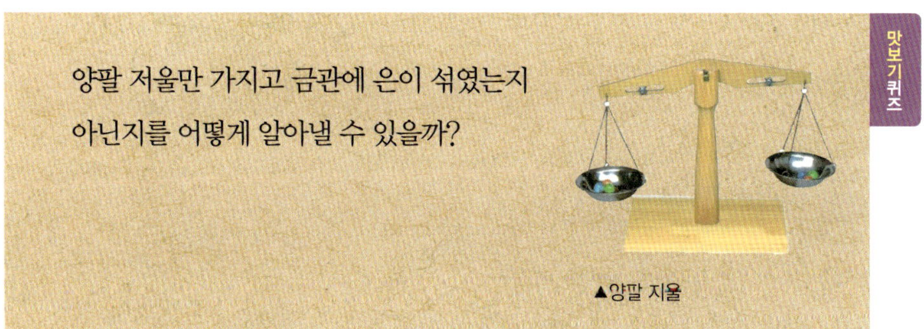

▲양팔 저울

엄마가 하고 있는 귀걸이, 팔찌, 반지 등이 순금인지 아닌지 어떻게 알아낼 수 있을까?

아주 먼 옛날, 신에게 바치려고 만든 순금 왕관에 은이 섞여 있다는 소문이 났다고 한다. 이 소문을 들은 왕은 아르키메데스에게 부탁하여 사실인지 밝혀내도록 하였다. 여러 날 동안 고민하던 아르키메데스는 공중목욕탕에서 문제 해결의 실

마리를 발견했다. 물에 들어가자 몸이 가벼워지는 느낌이 들었던 것이다.

'물속에 들어가면 물체가 가벼워진다.' 아르키메데스는 이 새로운 발견에 너무나 흥분하여 벌거벗은 채 목욕탕을 뛰쳐나와 '유레카! 유레카!'를 외치면서 길 한복판을 달려 집으로 갔다고 한다. 유레카는 그리스어로 '발견했다.'는 뜻이다.

양팔 저울의 한쪽에는 금관을 매달고, 반대쪽에는 같은 무게의 순금을 매달면 저울이 수평을 이룬다. 이 상태에서 양쪽을 물에 넣으면 왕관이 순금으로 이루어졌을 경우에는 역시 수평을 이루지만, 그렇지 않은 경우 부력이 달라져서 수평을 이루지 못한다. 아르키메데스는 이 실험을 통해 왕관이 순금으로 이루어지지 않았다는 것을 알게 되었다고 한다.

물에 떠 있는 물체가 받는 힘

우리는 사물이나 사건의 아주 작은 부분을 이야기할 때 '빙산의 일각'이란 표현을 사용한다. 이것은 얼음을 물에 띄웠을 때 물 위로 나온 부분이 매우 작다는 데서 나온 말이다. 그럼, 빙산의 일각이란 과학적으로 몇 %에 해당한다는 뜻일까?

▲빙산의 일각

물에 달걀을 넣으면 어떻게 될까? 당연히 달걀은 물에 가라앉는다. 여기에

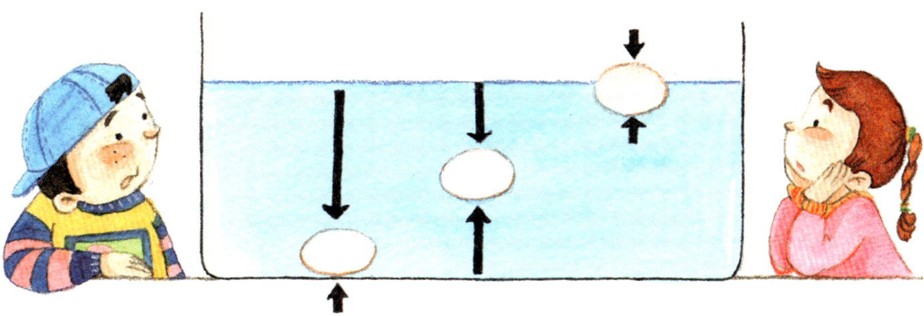

▲달걀의 부력 크기

소금을 계속 녹이면, 달걀을 물속에 머무르도록 할 수 있다. 또한 이 상태에서 소금을 더 넣어서 달걀이 물 위로 올라오도록 할 수도 있다.

바닥에 가라앉은 달걀은 지구로부터 받는 중력이 부력보다 더 크다. 물 가운데 떠 있는 달걀은 중력과 부력이 서로 같다. 이때 부력의 크기는 달걀이 차지하는 부분에 해당하는 물의 무게다. 이 점을 생각하면, 같은 부피를 두고 비교할 때 달걀과 물의 무게가 서로 같다는 것을 알 수 있다.

물 위로 올라온 달걀도 중력과 부력이 서로 같아진 상태다. 하지만 이때는 달걀이 일부만 물에 잠겨 있으며, 잠긴 부분의 부피에 해당하는 물의 무게와 달걀 전체의 무게는 같다.

같은 부피를 비교하면 얼음의 무게는 물의 92% 정도다. 따라서 얼음을 물에 넣으면 전체 부피의 92%가 물에 잠기고 8%만 물 위로 올라온다. 따라서 과학적으로 볼 때, 빙산의 일각은 8%라고 말할 수 있다.

잠수함은 공기를 이용해서 부력을 조절한다

일반적인 잠수함은 물속 깊은 곳의 압력을 견딜 수 있는 강한 철판과 비교적 얇은 철판으로 된 바깥 철판의 이중 구조로 돼 있다. 안쪽과 바깥쪽 사이에는 바닷물을 넣고 빼기 위한 공기탱크가 있다.

잠수함이 물 위에 떠 있을 때는 공기탱크의 아래쪽이 열려 있기 때문에 바닷물이 탱크 속을 자유롭게 들락거릴 수 있다. 그러나 탱크의 위쪽에는 공기가 차 있어서 물이 탱크 안에 꽉 차지 않는다. 이 상태에서 잠수하고 싶으면 위쪽의 마개를 열어 공기가 빠져나오도록 해야 한다. 그러면 공기를 밀어내면서 바닷물이 탱크 안에 가득차고 그 무게에 의해 잠수함이 가라앉는다.

잠수함이 다시 수면 쪽으로 떠오르려면 압축 공기를 이용하여 탱크에 있던 물을 바깥으로 밀어내고 탱크에는 공기를 가득 채워서 부력의 크기를 크게 하면 된다.

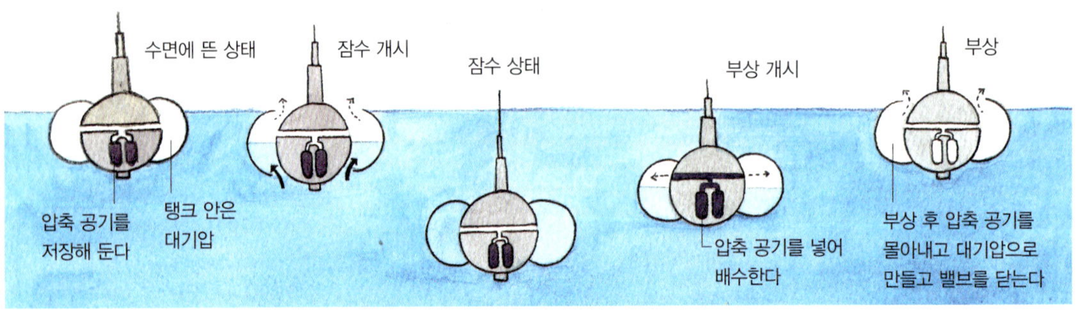

▲잠수함이 물에 뜨고 가라앉는 원리

상어는 바닥에 붙어서 쉰다

다음 중 상어가 쉬는 모습으로 적절한 것은?

① 물 위에 얼굴을 내 놓고 쉰다.

② 물 위에 거꾸로 누워서 떠 있는 채로 쉰다.

③ 물속에 가라앉아 쉰다.

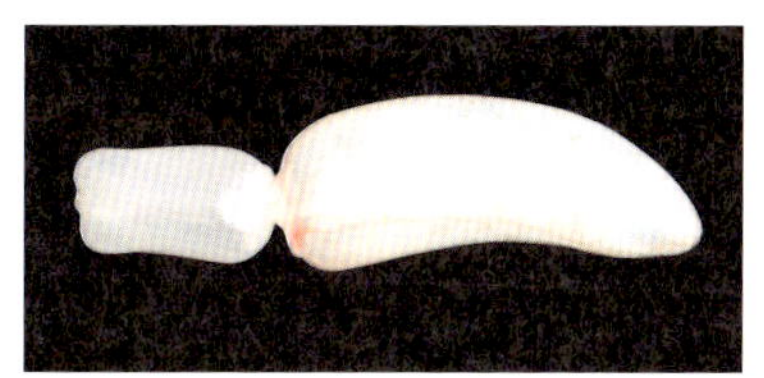

▲물고기의 부레

물고기가 물속에서 마음대로 헤엄칠 수 있는 것은 부력과 중력이 균형을 맞추기 때문이다.

물고기의 몸 안에는 부레라고 하는 공기 주머니가 있는데, 몸의 부력을 조절한다. 부레 속 공기의 양을 많게 하면 물고기가 가벼워져 물에 뜨고, 공기의 양을 적게 하면 물고기가 가라앉는다.

부레는 물고기의 방향을 바꾸는 역할도 한다. 공기를 앞쪽으로 밀면 앞쪽이 가벼워져서 몸이 위를 향하고, 공기를 뒤로 보내면 몸이 아래를 향한다.

그런데 상어에게는 부레가 없다. 따라서 헤엄을 치지 않으면 바닥에 가라앉는다. 수족관에서 상어를 한번 관찰해 보자! 바닥에 가라앉아서 쉬고 있는 모습을 발견할 수 있을 것이다.

▲바닥에서 쉬는 상어

부레가 없는 상어는 간이 크다.

상어는 부레 대신 커다란 간을 가지고 있는데, 이 간은 일반적으로 내장 전체의 25%를 차지하며, 심지어 내장 전체의 90%를 차지하는 종류도 있다고 한다. 상어의 간은 스쿠알렌이라고 하는 영양제의 원료인 기름으로 가득 차 있다. 이 기름은 물보다 가볍기 때문에 상어가 물에 뜰 수 있게 돕는다. 또 상어의 뼈는 물렁뼈로 이루어져 있어서 물에 가라앉지 않게 도와준다. 하지만 상어가 아무리 특수한 간과 골격을 가지고 있다 하더라도, 커다란 부력을 얻을 수 있는 부레가 없기 때문에 계속 헤엄치지 않으면 바닥에 가라앉아 버린다.

얼음이 녹으면 수면이 올라갈까?

지구 온난화로 북극의 얼음이 자꾸 녹는다고 한다. 얼음이 녹으면 바닷물 수면이 높아져서 해안 지방은 모두 잠길 것이라고 하는데, 과연 그럴지 간단한 실험으로 알아보자.

준비물

유리컵, 물, 얼음, 네임펜

탐구 순서

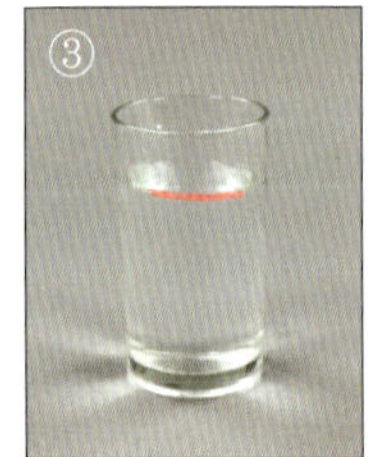

① 유리컵에 물과 얼음을 담고 유리컵에 수면을 표시해 둔다.
② 시간이 지나는 동안, 수면이 어떻게 달라지는지 알아보자.

실험 결과

실험 결과, 얼음이 다 녹은 후와 녹기 전의 수면이 같다는 사실을 알 수 있다.

생각 나누기

· 북극의 얼음이 모두 녹으면 해안 지방이 잠기게 될지 이 실험 결과를 이용해서 설명해 보자.

Chapter 09

아이스크림 장사에서 꼭 필요한 것은?

아이스크림 장사에서 꼭 필요한 것은?

▲아이스크림

이제는 하나의 음식 문화가 돼 버린 아이스크림. 초콜릿, 체리, 메론 등 맛뿐만 아니라, 아이스크림 콘, 아이스크림 케이크, 아이스크림 퐁듀, 볶음밥처럼 비벼 먹는 아이스크림까지 먹는 방법도 다양하다.

아이스크림을 만들어 파는 사람들은 아이스크림을 마음껏 먹을 수 있으니 얼마나 좋을까? 하지만 아이스크림 장사를 하려면 고민거리도 많고, 챙겨야 할 정보도 많다. 그 중 하나가 바로 여름 날씨!

날씨가 변하면 사람들의 생각과 행동도 변한다. 비가 오면 집 안에서 부침개를 부쳐 먹고 싶고, 화창한 날엔 여행을 가거나 시원한 음료를 마시고 싶어지는 것처럼 말이다. 이처럼 날씨는 우리 생활에 직접적으로 영향을 미친다.

결국 아이스크림을 얼마나 만들지는 그해 여름 날씨에 따라 달라진다. 따라서 아이스크림 장사에서 손해를 보지 않으려면 정확한 날씨 정보를 얻어야 한다. 이런 이유로 아이스크림을 비롯해 우산, 에어컨 회사들도 날씨 정보를 돈으로 산다고 한다. 다양한 산업에서 결정적 역할을 하는 날씨, 도대체 날씨를 어떻게 예측할 수 있는 것일까?

날씨 정보 모으기

날씨를 예측하려면 우선 현재의 날씨를 정확히 파악해야 한다. 그다음에는 날씨 정보를 모아야 한다. 날씨 예측을 위해 필요한 날씨 정보에는 온도, 습도, 바람의 방향과 속도, 기압, 구름의 모습 등이 있다. 이러한 정보들을 얻기 위해 사람들은 여러 장소에서 여러 가지 방법으로 기상을 관측한다.

기상청에서는 보다 정확한 날씨 예측을 위해 우리가 사는 지상에서, 높은 곳에 올라가서, 바다에서, 우주에서 날씨 정보를 모은다. 이를 위해 지상 기상 관측소, 해양 기상 관측소, 항공 기상 관측소들이 필요하다.

그렇다면 우주에서는 날씨 정보를 어떤 방법으로 모을 수 있을까? 비밀은 인공위성에 있다. 정확히 말하면 '기상 위성'이다. 기상 위성은 지구의 기상 현상을 찍어서 왼쪽과 같은 정보를 보내 준다.

다음 그림은 2008년 6월 6일 저녁 8시경, 기상 위성이 보낸 우리나라를 둘러싼 구름의 모습이다. 이러한 지도를 '구름 지도'라고 한다. 구름 지도는 그 지역의 구름의 양을 보여 주기 때문에 구름 지도만 있으면 전문가가 아닌 우

▲구름 지도

리도 날씨를 쉽게 예상할 수 있다. 기상 캐스터가 된 듯한 기분으로 일기 예보를 해 볼까?

"2008년 6월 6일 저녁 8시경은 한반도 전역에 약간의 구름이 떠 있는 것으로 보아 약간 흐린 날씨가 되겠습니다. 반면 제주도 근처에는 구름이 하나도 없으니 날씨가 아주 맑겠습니다!"

지금 이 순간의 구름 지도는 기상청 홈페이지(http://web.kma.go.kr)에 가면 볼 수 있다.

지구 구석구석을 보여주는 너의 위력!

날씨를 예측하기 위해 다양한 자료를 측정, 수집하는 인공위성을 '기상 위성'이라고 한다. 세계 최초의 기상 위성은 1960년 미국이 발사한 'TIROS-1호 위성'이다.

TIROS-1호 위성 이후로 기상 위성은 계속 발달했다. 따라서 현재의 기상 위성은 구름의 모습뿐 아니라 많은 날씨 정보를 제공한다. 구름, 태풍, 안개, 황사 현상, 넓은 영역을 동시에

▲기상 위성

관측하기 때문에 수천 ㎞에 이르는 장마 전선에서 수십 ㎞ 규모의 작은 적란운까지 다양한 규모의 정보를 제공할 수 있다.

기상 위성은 짧은 시간 동안 사막, 산, 바다 등 사람이 살지 않아 관측하기 어려운 곳까지 지구 구석구석을 실시간으로 관측할 수 있다는 장점이 있다. 또 요즘에는 지구 온난화 등 각종 기상 이변을 감시하고자, 지구 전 지역을 관측하는 시스템을 만들기 위해 노력 중이라고 한다.

바람은 어디에서 불어오는 걸까?

▲바람이 불어오는 곳

날씨를 예측할 때 빼놓을 수 없는 것 중의 하나로 '기압'이 있다. 기압이 무엇일까?

모든 물질은 '원자[※]'라고 하는 작은 입자로 이루어져 있다. 공기도 물질이기 때문에 이러한 작은 입자로 이루어져 있는데, 공기 입자들은 끊임없이 운동을 한다. 입자가 움직이면서 입자끼리 부딪히거나 다른 물체에 부딪히는데, 이때 부딪히는 힘 때문에 공'기'에 의한 '압'력이 생긴다. 이것이 기압이다.

공기의 양은 장소에 따라 다르다. 공기의 양이 많으면 공기 입자들은 더 많이 부딪히고, 기압이 높아진다. 따라서 공기의 양이 많

원자

물질의 기본적 구성 단위. 하나의 핵과 이를 둘러싼 여러 개의 전자로 구성되어 있고, 크기는 반지름이 $10^{-7} \sim 10^{-8}$ cm이며 한 개 또는 여러 개가 모여 분자를 이룬다.

은 곳은 기압이 다른 지역보다 높아지는데, 이를 '고기압'이라고 한다. 반대로 공기의 양이 적으면 공기 입자들은 적게 부딪히기 때문에 공기에 의한 압력이 낮아지는데, 이를 '저기압'이라고 한다.

공기는 공기의 양이 많은 곳에서 적은 곳으로 이동한다. 이를 바람이라고 한다. 즉, 바람은 공기의 양이 많은 고기압에서 불어와서 공기의 양이 적은 저기압을 향해 간다. 따라서 장소에 따른 기압의 차이로 바람의 방향을 알 수 있다. 기압은 이 외에도 우리 주변에서 일어나는 다양한 현상의 원인이 된다.

컵에 물을 가득 담고 뒤집으면 어떻게 될까? 물론 쏟아질 것이라고 생각할 것이다. 그런데 만약 컵 입구에 종이 한 장을 대고 빠르게 뒤집는다면 어떻게 될까? '종이 한 장이 무슨 힘이 있겠어. 당연히 물이 쏟아지겠지!'라고 생

▲모든 방향에서 작용하는 기압

각할 수 있겠지만, 의외로 물은 떨어지지 않는다.

왜 그런 걸까? 종이 한 장이 그토록 힘이 셌던 걸까? 비밀은 종이가 아니라 '기압'에 있다. 기압은 모든 방향에서 작용한다. 지금 우리 몸을 둘러싼 공기도 모든 방향에서 우리에게 압력을 가하고 있다. 컵의 물이 쏟아지지 않는 것 또한 아래에서 위로 작용한 '기압' 때문이다.

느껴 봐! 기압의 변화.

공기의 압력은 생각보다 굉장히 세다. 가로 1m, 세로 1m, 높이 1m의 상자 크기만큼의 공기 무게는 약 1.2kg이나 된다고 한다. 눈에 보이지 않는 공기지만 꽤 무겁다. 하지만 사람들은 평소에 공기의 무게나 기압을 느끼지 못한다. 그 이유는 우리가 공기 중에서 사는 것에 적응되어 있기 때문이다.

▲비행기

우리는 기압을 느끼지는 못하지만, 기압의 변화는 느낄 수 있다. 산에 올라가거나 비행기를 탔을 때 귀가 먹먹해지는 경험을 해 본 적이 있을 것이다. 이는 바로 기압의 변화 때문에 일어나는 현상이다.

공기가 누르는 힘은 높이에 따라 달라지는데, 땅에서 가까울수록 누르는 공기의 양이 많아서 기압이 높다. 반대로 높은 곳에 올라갈수록 공기가 누르는 힘이 약해져서 기압이 낮아진다. 사람의 귀는 지면에 가까운 곳의 기압에 적응되어 있어서 높은 곳으로 올라가면 기압이 낮아 귀가 먹먹해진다. 이렇게 귀가 먹먹해질 땐 하품을 하거나 침을 삼키면 된다.

나, 저기압이야!

엄마가 화나셨을 때, '저기압'이라고 표현하는 이유는?
① '저기압'일 때는 햇볕이 너무 강하고 뜨거워서
② '저기압'일 때는 날씨가 흐리고, 비바람이 불어서
③ '저기압'일 때는 집안에 먼지가 많아져서

사람들은 우울하거나 화가 났을 때 "저기압이니까 건들지 마!"라고 한다. 화가 난 것과 저기압은 어떤 관계가 있을까? 저기압은 주위보다 상대적으로 공기의 압력이 낮아진 지역에 형성된다. 바람은 고기압에서 저기압으로 불기 때문에 저기압의 중심을 향해 불어온 바람은 밀리고 밀려 위로 올라간다. 하늘 위로 갈수록 온도가 낮아져서 공기 중의 수증기는 물방울로 변하고 구름이 만들어진다. 그래서 날씨는 흐려지고 비가 오기도 한다. 결국 사람들이 "저기압이야!"라고 표현하는 것은 저기압일 때의 흐린 날씨에 자신의 우울하거나 화가 났을 때의 감정을 빗대어 나타내는 것이다.

반대로 주위보다 상대적으로 공기의 압력이 높은 지역에서는 고기압이 형성되어 바람이 밖을 향해 분다. 공기가 빠져나간 자리를 채우려고 고기압 중심부에는 밑으로 내려가는 바람이 분다. 공기는 아래로 내려오면서 온도가 높아지고 구름이 없어진다. 따라서 고기압인 지역은 날씨가 맑고 쾌청하다.

이렇게 기압은 바람의 방향, 그 지역의 날씨, 구름의 양을 결정하는 요소로써 날씨를 예측하는 데 매우 중요한 정보다.

▲ 저기압과 고기압의 형성 과정

일기도는 어떻게 읽을까?

다음 일기도에서 'H'와 'L'은
무엇을 의미할까?

▲ 일기도

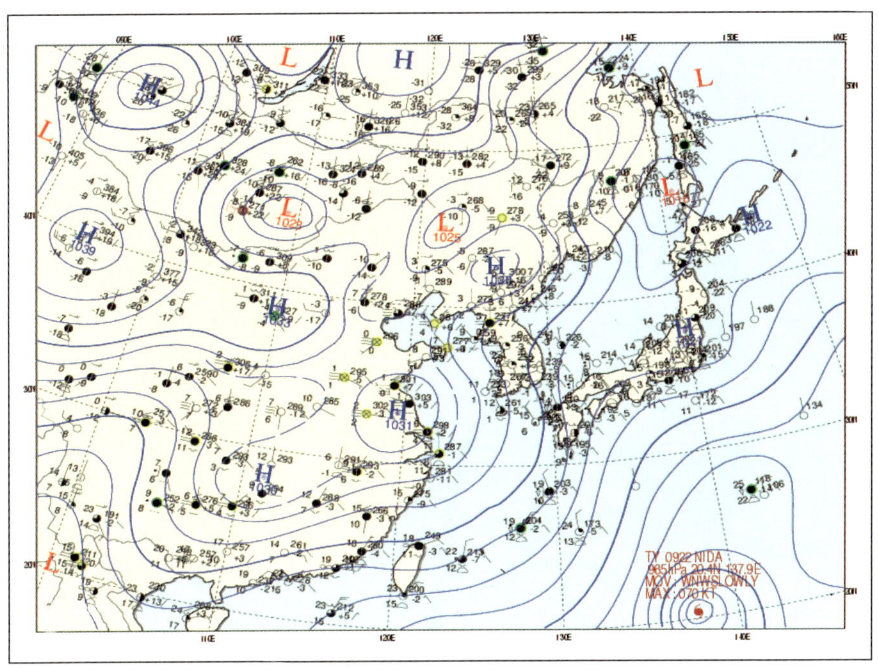

▲일기도

　위 그림은 기상청에서 제공하는 2008년 6월 6일 저녁 8시경의 일기도다. 일기 예보를 결정하는 예보관들은 일기도를 작성하고 분석한다. 일기도에는 날씨 정보를 효율적으로 나타내는 기호들이 사용되는데, 이 기호들을 알면 우리도 예보관들처럼 일기도를 분석할 수 있다. 위 일기도를 분석해 보자.

　우선 가장 눈에 띄는 것은 중국, 한국, 일본을 넘나들며 구불구불 펼쳐진 선이다. 이를 '등압선'이라고 한다. '등압선'은 기압을 나타내는 것으로 각 지역의 기압을 측정하고 나서 기압이 같은 지점을 이은 선이다. 등압선은 지표면의 여러 관측소에서 측정한 기압 값을 지도에서 각 관측소의 위치를 찾아 적고, 기압이 같은 지점을 연결하여 작성한다고 한다. 등압선 간격이 좁은 지역은 기압 차가 크기 때문에 바람이 세게 분다.

H(high)는 '고기압', L(low)은 '저기압'을 의미하며, 올챙이 같이 머리와 꼬리가 달린 기호는 구름의 양, 바람이 부는 방향, 바람의 세기 등을 말해 준다.

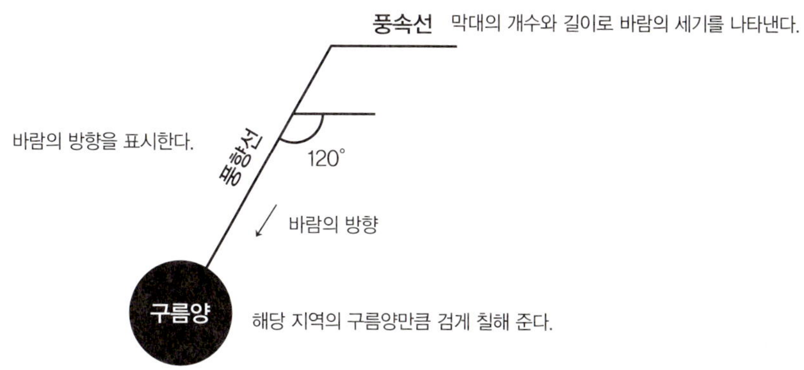

기호	◎	—	—	—	—	—	—	—	—	4
풍속 m/s	고요함	1	2	5	7	10	12	25	27	북서풍 12m/s

풍향 — 풍속 기온 / 기압 일기 \ 운량	구름			일기					한랭 전선	온난 전선
	맑음	갬	흐림	비	소나기	눈	안개	천둥번개		
	○	◐	●	●	▽	✱	≡	ʀ	▼▼	▲▲

▲일기 기호

온난 전선과 한랭 전선

'끼리끼리 다닌다!'는 말이 있듯이, 공기도 온도나 습도와 같이 성질이 비슷한 것끼리 어울려 덩어리를 이룬다. 그렇다면 성질이 다른 두 공기가 만나면 어떻게 될까?

빨간색 잉크를 탄 따뜻한 물과 파란색 잉크를 탄 차가운 물을 준비해 보자. 이 두 물을 칸막이가 있는 수조 안에 각각 넣고 나서 칸막이를 열어 보자. 그러면 두 물이 바로 섞이지 않고 파란색의 물은 아래쪽으로 가라앉고, 빨간색의 물은 위로 뜨게 되는 현상을 발견할 수 있다.

공기 역시 이와 같다. 차가운 공기는 아래로 가라앉고 따뜻한 공기는 위로 뜬다. 이처럼 성질이 다른 두 공기 덩어리는 잘 섞이지 않으며, 성질이 다른 두 공기 사이에는 경계면이 생기는데 이 경계면과 지표면이 만나는 곳을 '전선'이라고 한다.

차가운 공기와 따뜻한 공기의 위치에 따라 만들어지는 전선의 모양도 달

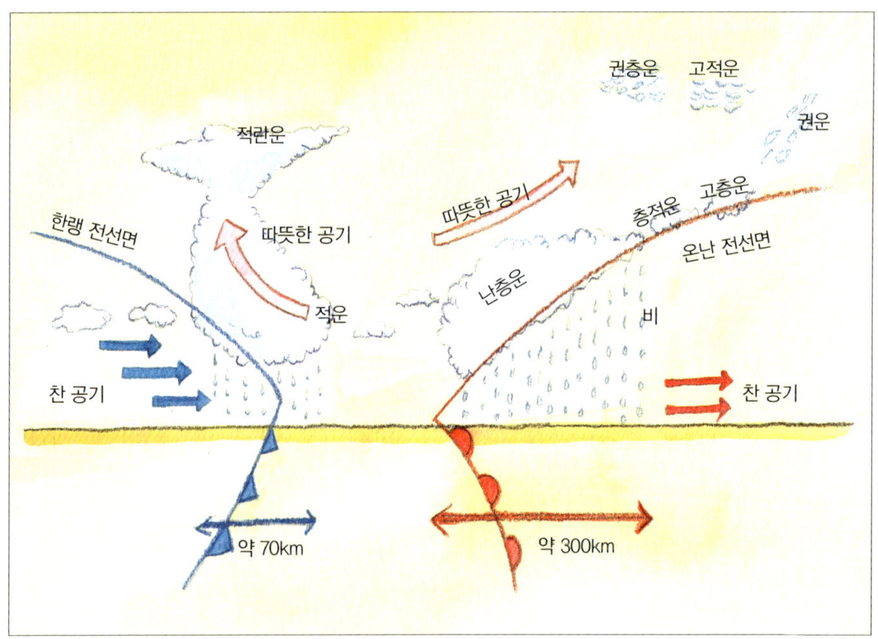

▲한랭 전선과 온난 전선

라진다. 한랭 전선의 경우, 아래로 가라앉는 차가운 공기가 이동하면서 따뜻한 공기를 위로 밀어낸다. 이 때문에 기울기가 급한 경사면이 형성되고 이를 따라 공기가 빠른 속도로 위로 올라간다. 그래서 그림과 같이 두꺼운 적운형 구름이 발달하고 좁은 지역에 소나기가 내린다. 또한 찬 공기가 밀고 들어오기 때문에 날씨가 점점 추워진다.

온난 전선은 따뜻한 공기가 차가운 공기를 타고 올라가면서 만들어진다. 따라서 경사면이 완만하고 넓게 펼쳐진 층운형 구름이 형성되며, 넓은 지역에 지속적인 비가 내리게 된다.

때때로 따뜻한 공기 덩어리와 차가운 공기 덩어리가 힘을 겨루기도 한다. 두 공기는 그 힘이 비슷해서 서로 안 밀리기 때문에 정체되어 있는데, 정체되어 있는 지역에서는 오랫동안 비가 내리기도 한다. 이것이 바로 '장마'다.

계절에 따른 날씨 변화

다음 일기 예보는 어느 계절의 일기 예보일까?
"이번 주는 북태평양 기단과 오호츠크 해 기단의 경계부에 장마 전선이 형성되어 장마가 계속될 것으로 예상됩니다."

우리나라는 사계절이 뚜렷한 온대성 기후의 특징을 보인다. 또한 바다를 접함과 동시에 대륙의 끝에 있기 때문에 대륙과 바다의 영향을 번갈아 받는다.

봄에는 작은 크기의 고기압과 저기압이 번갈아 나타나면서 날씨가 변덕스

럽다. 또한 중국에서부터 편서풍을 타고 모래가 날아오는 '황사 현상'이 심한 것이 특징이다.

6월에는 북태평양 기단과 오호츠크 해 기단의 경계부에 장마 전선이 형성되어 장마가 계속된다. 장마 때는 총 연평균 강수량의 40%가 집중되어, 수해를 입는 등 홍수의 피해가 크다.

여름 일기도를 보면 남쪽 바다는 고기압이고, 북쪽은 저기압이다. 공기는 고기압에서 저기압으로 이동하기 때문에, 남쪽 바다로부터 공기가 불어오게

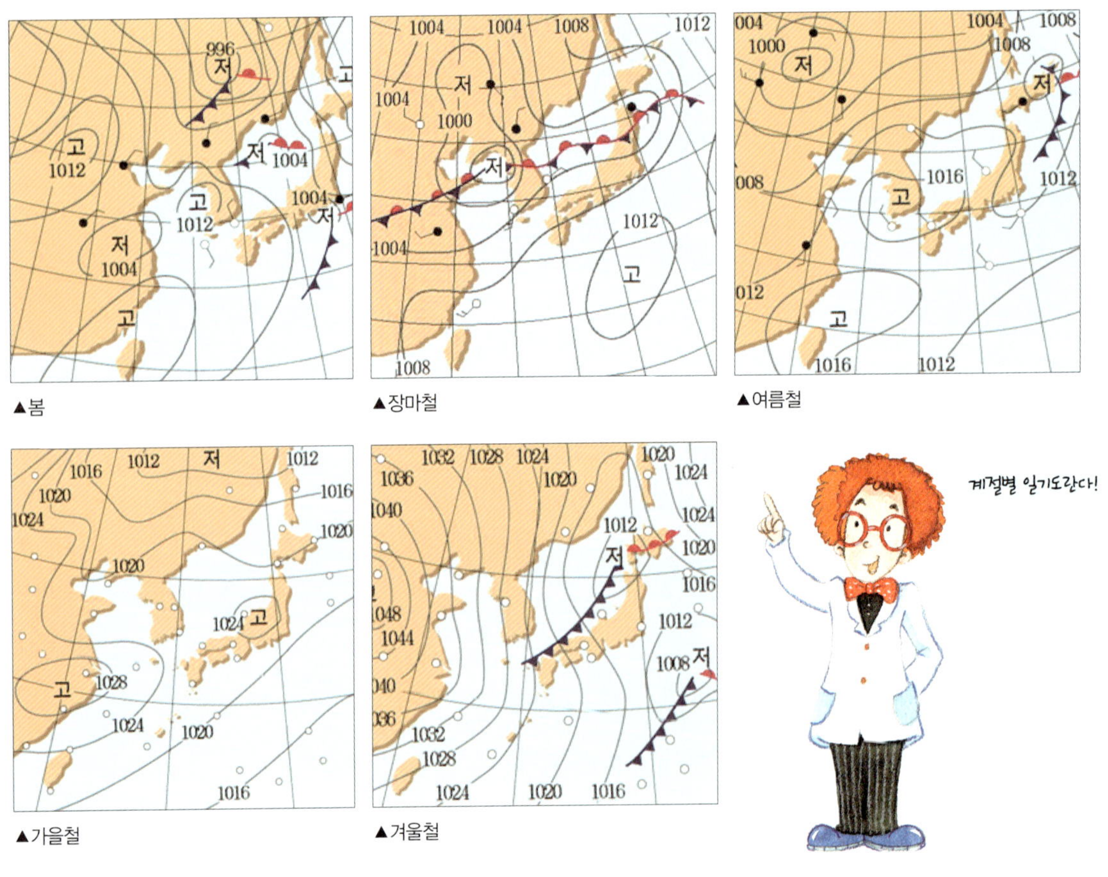

된다. 남쪽 공기이므로 따뜻하고, 바닷가의 공기여서 습하다. 따라서 여름엔 온도가 높고 습하며 비도 많이 온다.

가을이 되면 여름에 활발했던 북태평양 기단의 영향이 줄어들고 이동성 고기압이 많아진다. 따라서 더위가 사그라지고 맑은 날씨가 계속된다.

반면 겨울철에는 북쪽 대륙인 시베리아 지역이 고기압이다. 시베리아에서 불어온 바람은 북쪽에서 왔기 때문에 매우 차갑고, 대륙에서 불어온 바람이므로 바다의 공기에 비해 건조하다. 따라서 겨울철엔 산불도 많이 난다. 또한 다른 계절에 비해 등압선 간격이 좁은 것으로 보아 북서풍의 바람이 강하게 분다는 것을 알 수 있다.

조상들은 날씨를 어떻게 예측했을까?

다음 빈 칸에 들어갈 단어는 무엇일까?
아침 무지개는 □□ 날씨를 저녁 무시개는 □□ 날씨를 말해 준다.

우리 조상으로부터 전해 오는 속담에는 날씨와 관련 있는 것이 많다. 날씨와 관련한 속담들은 조상들의 경험이 축적되어 만들어진 것으로 생활 속 지혜가 담겨 있다. 그중 하나가 무지개!

우리 조상들은 무지개가 뜨는 시간과 위치로 날씨를 예측했다고 한다. 아침에 뜨는 무지개는 흐린 날씨를, 저녁에 뜨는 무지개는 맑은 날씨를 말해 준다고 한다. 이 속담은 과연 과학적으로 타당할까?

무지개는 햇빛이 공기 중의 물방울에 의해 굴절되면서 나타나는 현상이다. 무지개가 하늘에 생겼다는 것은 그 주변 공기에 수증기가 많다는 증거다.

우리나라의 기상 현상은 서쪽에서 동쪽으로 이동한다. 아침 무지개는 동쪽에서 뜨는 햇빛이 서쪽을 향해 비출 때 생기므로 서쪽 하늘에 물방울이 많다는 사실을 말해 준다. 서쪽 하늘의 물방울은 동쪽으로 이동해 오기 때문에 곧 비가 올 확률이 높다.

반대로 저녁 무지개는 서쪽 하늘로 지는 햇빛이 동쪽을 향해 비출 때 생긴다. 따라서 동쪽에는 공기 중의 수증기량이 많고, 서쪽에는 적다는 것을 말한다. 동쪽에 있는 공기는 멀리 이동해 갈 공기이므로 한동안 맑은 날씨가 이어질 것이라는 사실을 알 수 있다.

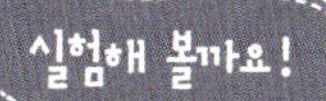

신문지로 폭죽 터뜨리기

신문지 한 장으로 폭죽을 터뜨릴 수 있다는데 정말 그럴까? 직접 실험을 해 보고 실험을 통해 과학의 원리를 찾아보자.

 **준비물**

신문지 한 장, 생일 파티용 폭죽, 셀로판테이프

 **탐구 순서**

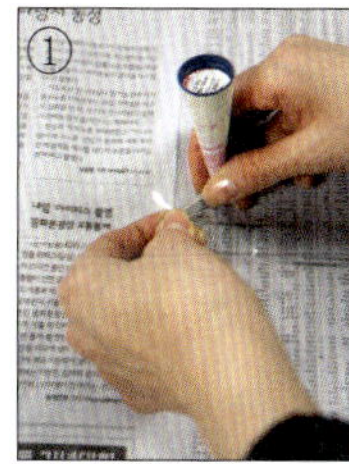 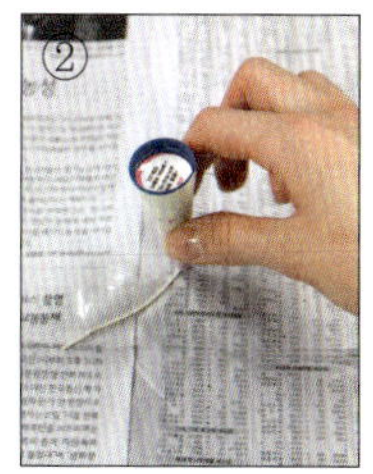

① 신문지 한 장을 펼친다.

② 신문의 한가운데에 폭죽 끝에 달린 끈을 셀로판테이프로 붙이고, 폭죽을 아주 빨리 당긴다.

실험 결과

폭죽을 천천히 들어 올리면 신문지가 그대로 따라오지만, 아주 빨리 당기게 되면 신문지는 가만히 있고 폭죽이 터지게 된다. 왜 그럴까?

책상, 컵, 물, 우유처럼 모든 물질에는 무게가 있고, 공기도 물질이기 때문에 무게가 있다.

신문지 위에 있던 공기도 무게가 있어 신문지를 누르게 된다. 따라서 빠르게 폭죽을 당기면 신문지 위의 공기가 누르고 있기 때문에 신문지는 올라오지 못하고, 폭죽만 위로 올라와 터진다. 반면 폭죽을 천천히 당기면 손의 힘이 신문지에 전해져 신문지가 따라 올라오게 되고 신문지 밑으로도 공기가 들어간다. 공기가 위에서 신문지를 누르는 힘만큼 아래쪽의 공기가 받쳐 주게 되어 폭죽이 터지지 않는다.

생각 나누기

· 공기의 무게 때문에 생기는 현상에는 어떤 것들이 있을까?

Chapter 10

무어운
크리스마스

무더운 크리스마스

▲ 호주의 크리스마스

흰 눈이 소복이 쌓인 거리에 '징글벨' 등의 캐럴이 울려 퍼지고 있다. 펑펑 내리는 눈을 맞으며 산타 할아버지는 아이들에게 선물을 배달하기 위해 루돌프가 끄는 썰매를 타고 달린다.

'크리스마스' 하면 떠오르는 장면이다. 이러한 크리스마스에는 '눈'이 빠질 수 없고, 사람들은 온 세상이 눈으로 뒤덮인 화이트 크리스마스를 꿈꾸기도 한다.

그런데 무더운 크리스마스를 보내는 곳이 있다면, 믿을 수 있을까? 크리스마스인데도 바닷가에서 시원하게 수영을 하고, 산타 할아버지는 민소매의 얇은 티에 반바지를 입고 있는 곳, 이곳은 어디일까?

바로 호주다. 이처럼 호주와 한국의 크리스마스 모습은 매우 다르다. 한국이 겨울일 때 호주는 여름이고, 반대로 한국이 여름일 때 호주는 겨울이기 때문이다.

그렇다면 봄, 여름, 가을, 겨울. 사계절은 왜 있는 걸까? 그리고 한국과 호주는 왜 계절이 반대일까?

태양 고도는 무엇일까?

지구는 하루에 한 바퀴씩 스스로 돈다. 이것을 지구의 '자전'이라고 한다. 지구가 태양을 향해서 도는 순간 지구에선 해가 뜨고, 지구가 태양 반대쪽으로 돌아서는 순간 해가 진다. 결국 지구의 자전 때문에 태양이 뜨고 진다.

태양이 뜨고 지면서 '태양이 떠 있는 높이'는 계속 바뀌는데 이를 '태양 고도'라고 한다.

'태양 고도'는 태양빛과 땅이 각도를 말한다. 태양이 높이 떠 있으면 태양 고도는 커지고 태양이 낮게 떠 있으면 태양 고도는 작아진다. 쉽게 말해 우리가 태양을 보기 위해 고개를 높이 젖혀야 하면 태양 고도가 큰 것이고, 조금만 젖혀도 되면 태양 고도가 작은 것이다.

태양이 뜨고 지면서, 하루에도 태양 고

▲태양 고도

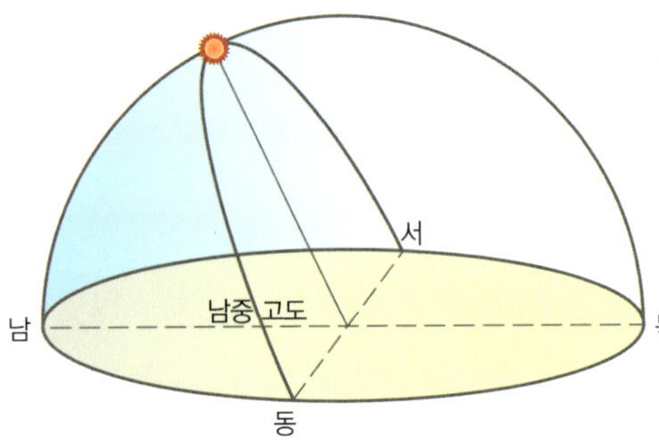

▲남중 고도(하루 중 태양 고도가 가장 클 때의 고도)

도는 계속 바뀐다. 그러면 하루 중 태양 고도가 가장 클 때는 언제일까?

아침에는 태양이 떠오르고 있는 중이기 때문에 태양 고도가 작다. 낮이 되면서 태양 고도가 점점 커지다가 낮 12시경에 제일 커진다. 그 후에는 태양이 서쪽으로 지면서 태양 고도도 낮아진다.

태양은 약간 남쪽으로 치우쳐서 뜨고 진다. 따라서 태양이 가장 높은 지점에 있을 때 태양은 정남쪽을 향해 있다. 하루 중 태양 고도가 가장 클 때의 고도를 '태양의 남중 고도'라고 한다.

그렇다면 하루 중 기온이 제일 높은 때는 언제일까? 태양이 가장 높이 떠 있는 정오일까? 태양이 제일 높이, 정남쪽에 떠 있는 시간은 낮 12시지만, 하루 중 기온이 제일 높은 때는 2시경이다. 태양열에 의해 지표면이 데워지는 데 시간이 걸리기 때문이다.

우리나라의 시간 기준은 우리나라보다 동쪽에 있는 동경 135° 인 곳으로 하였기 때문에 실제 남중 시간은 12시보다 약 30분 정도 늦다.

태양 고도 측정하기

막대기와 실, 각도기만 있으면 우리도 태양 고도를 직접 잴 수 있다. 평평한 바닥에 막대기를 똑바로 세우면 막대기의 그림자가 바닥에 생기는 것을 관찰할 수 있다. 이때 막대의 끝과 그림자의 끝을 실로 연결하고 막대의 그림자와 실이 이루는 각을 각도기로 측정한다. 이 각도가 바로 태양 고도다.

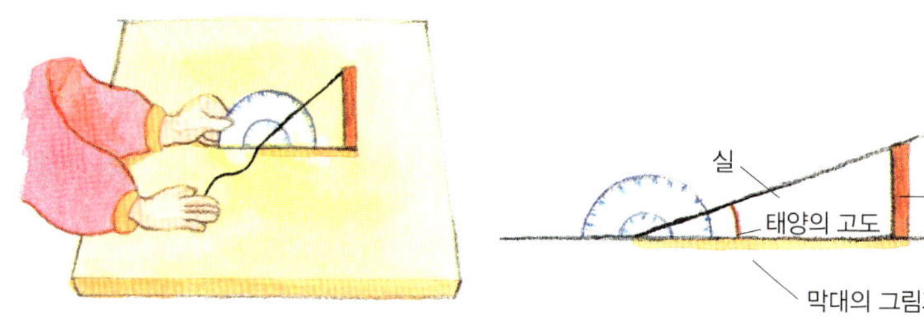

▲태양 고도 측정

세상에서 제일 처음 만들어진 시계

오후 12시쯤 한 소년이 길을 잃었다. 이 소년이 동서남북 방향을 찾을 수 있는 방법은?

① 침을 뱉어 본다.

② 신발을 머리 위로 던져 본다.

③ 그림자가 비추는 쪽을 확인한다.

④ 구름이 움직이는 방향을 확인하다.

퀴즈! 세상에서 가장 오래된 시계는? 지금 당장 창문을 열어젖히고 내리쬐는 태양을 바라보자.

세상에서 가장 오래된 시계는 바로 '해시계'다. 해시계는 지금으로부터 약 2천 6백여 년 전(기원전 600년 전) 중국의 춘추 전국 시대에 만들어졌다.

그럼 해시계의 원리를 알아볼까? 태양 고도가 높으면 그림자의 길이는 짧고, 태양 고도가 낮으면 그림자의 길이는 길어진다. 낮과 저녁에 그림사 길

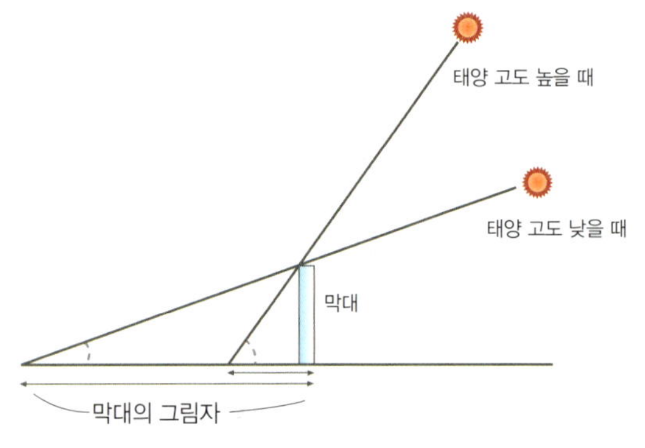

▲태양 고도에 따른 그림자 길이

이를 비교해 보자. 한낮에는 숏다리처럼 짜리몽땅하고, 저녁에는 키다리처럼 길쭉한 그림자를 발견할 수 있다.

또한 태양이 동쪽에 있을 때 그림자는 반대쪽인 서쪽에 생기고, 태양이 정남쪽에 있을 때 그림자는 정북쪽에 생긴다.

이처럼 그림자의 위치로 우리는 방향에 대한 정보를 얻을 수 있다. 만약 길을 잃은 소년이 방향을 찾지 못한다면 그림자를 이용해서 북쪽을 찾을 수 있다. 12시쯤 해는 남쪽을 향해 있기 때문에 그림자는 북쪽을 향해 생긴다. 따라서 그림자가 생긴 방향이 바로 북쪽이다.

해시계는 태양의 위치에 따라 그림자의 위치와 길이가 변한다는 사실을 이용해서 시간을 측정했다.

앙부일구

우리 조상도 신라 시대부터 해시계를 이용했다고 한다. 조선 시대 세종대왕 때 만들어진 앙부일구도 해시계다. 오목한 앙부일구는 둥근 지구 모양을 표현했고, 햇빛에 의해 물체의 그림자가 생기면 그림자의 위치로 시각을 잴 수 있다.

▲앙부일구

계절에 따라 변하는 것들

다음 빈 칸에 들어갈 말은 무엇일까?
계절에 따라 태양의 □□□□이(가) 달라진다.

봄, 여름, 가을, 겨울. 계절에 따라 많은 것이 변한다. 여름에는 짧은 반팔 티셔츠를 입고, 팥빙수를 먹는가 하면, 추운 겨울에는 털옷을 입고 뜨끈뜨끈한 호빵을 호호 불어 가며 먹기도 한다. 이처럼 계절에 따라 입는 옷, 먹는 음식, 친구들과 노는 방법, 날씨, 나무의 모습, 스포츠 종류 등 우리 생활의 많은 것이 변한다. 계절에 따라 기온이 다르기 때문이다. 또한 계절에 따라서 밤낮 길이도 달라진다. 여름에는 낮이 길고 밤은 짧으며 겨울에는 반대로 밤은 짧으며 밤이 길고, 낮은 짧다.

다음 그림은 계절에 따라 태양이 지나가는 길을 나타낸 것이다. 그림을 보면, 태양이 뜨고 지는 위치가 계절에 따라 다르다는 것을 알 수 있다. 또, 여름이 다른 계절보다 태양이 지나가는 길이 더 길다. 태양이 지나가는 길이 길다는 것은 낮의 길이가 그만큼 길다는 말과 같다. 하나 더! 계절에 따라 태양의 남중 고도도 달라진다. 여름에 태양이 가장 높이 떠 있으니, 태양의 남중 고도가 가장 크다고 할 수 있다.

우리가 함께 찾은 세절벌 태양 남중 고

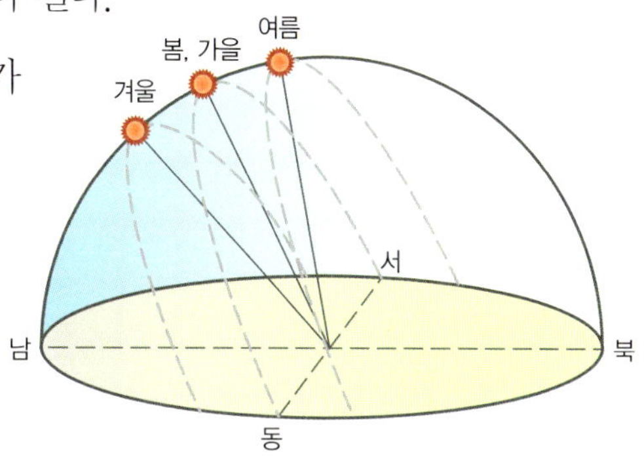

▲계절에 따라 변하는 태양의 길

도의 변화, 밤과 낮의 길이 변화는 아주 중요한 발견이다! 태양 고도에 따라서 땅이 데워지는 온도가 달라지기 때문이다. 태양 고도가 크면 태양 에너지가 집중적으로 일정 지역을 비추게 되므로 지면의 온도가 금방 올라간다. 반면 태양 고도가 낮으면 같은 양의 태양 에너지가 분산되어 보다 넓은 지역을 비추게 되고 땅이 가열되는 속도도 줄어든다.

따라서 태양의 남중 고도가 큰 여름에는 기온이 높아서 덥고, 태양의 남중 고도가 작은 겨울에는 기온이 낮아서 춥다. 또한 겨울보다 여름의 낮 길이가 길기 때문에 여름에 태양 에너지를 더 오랫동안 받아서 더워지는 것도 있다.

남향집의 인기비결

예로부터 우리 조상은 집을 지을 때, 남쪽을 향해서 집을 지었다. 이렇게 남쪽을 바라보는 방향으로 지은 집을 '남향집'이라고 한다. 요즘도 북향집이나 동향집보다는 남향집이 사람들에게 인기가 많다. 왜 우리 조상들은 남향집을 지었을까? 그리고 왜 남향집이 인기가 많을까?

▲남향집

다른 방향의 집과 비교해 볼 때, 남향집은 습하지 않아서 곰팡이가 덜 생기고, 겨울에는 더 따뜻하다. 남향집이 이런 장점을 갖게 된 데에는 어떤 비밀이 숨어 있는 걸까?

그것은 태양이 약간 남쪽으로 치우쳐서 뜨고 지는 것에 있다. 이 때문에 남쪽을 향해 있는 집이 다른 방향으로 향해 있는 집보다 햇볕을 많이, 오랫동안 들어오게 할 수 있다.

특히 겨울에는 다른 계절보다 태양 고도가 낮아져서 햇볕이 남향집으로 더 깊숙이 들어올 수 있다. 그래서 겨울에 다른 집에 비해 남향집이 훨씬 따뜻하다. 이처럼 집을 짓는 방향에도 과학적 원리가 담겨 있다.

기울어진 채로 도는 지구

여름에는 덥고 겨울에는 춥기 때문에, 많은 사람들은 여름에는 태양과 지구 사이의 거리가 가깝고, 겨울에는 멀 것이라고 생각한다. 하지만 이것은 잘못된 생각이다. 실제로는 그 반대다. 오히려 여름에 지구와 태양 사이의 거리가 멀고, 겨울에는 가깝다고 한다.

여름에 덥고 겨울에 추운 이유는 '거리' 때문이 아니라 '태양 고도 차이'와 '밤낮의 길이 변화' 때문이다. 앞에서 얘기했듯이 계절에 따라 태양의 남중 고도는 달라진다. 그렇다면 이렇게 계절에 따라 태양 고도가 달라지는 이유는 무엇일까? 바로 지구의 자전축이 기울어져 있기 때문이다.

지구가 기울어진 채로 공전하기 때문에, 여름에는 태양을 향해 더 기울어져 있어 들어오는 빛의 각도가 더 크다. 반대로 겨울에는 태양의 반대편으로 기울어져 있어서 들어오는 빛의 각도가 작다.

실제로 봄, 여름, 가을, 겨울의 태양 남중 고도 측정값으로 비교해 보자.

▲계설별 햇빛이 지구에 비치는 모습

계절	봄(3월 21일경)	여름(6월 22일경)	가을(9월 23일경)	겨울(12월 22일경)
태양 남중고도	52°	75°	52°	29°

▲계절에 따른 태양 남중 고도

태양의 남중 고도는 봄부터 차츰 높아져 여름에 가장 높다. 태양의 남중 고도가 높아지면 낮의 길이도 길어져 기온이 점점 올라간다. 가을이 되면서 태양의 남중 고도가 차츰 낮아지고 겨울이 되면 가장 낮아진다. 태양 남중 고도가 낮아지면 낮의 길이가 짧아져 기온이 내려간다.

그렇다면 만약 지구의 고개가 똑바로 세워진 채로 공전한다면 어떻게 될까? 이때에는 지구의 위치에 상관없이 어디서나 태양의 남중 고도가 똑같으며 기온의 변화도 항상 똑같기 때문에 계절의 구분도 없어질 것이다.

항상 똑같은 계절을 살아야 한다면 어떨까? 예를 들어 365일 내내 여름이라면? 생각만 해도 지루할 것이다. 기울어진 지구 덕분에 우리는 다양한 계절을 경험하며 살 수 있다.

지구의 이야기!

여러분, 안녕? 난 태양계 3번째 행성 지구야. 바로 여러분이 사는 곳이기도 하지. 나를 본 첫인상이 어때? 뭐? 건방져 보인다고? 항상 내 고개가 삐딱하게 치우쳐 있기 때문에 사실 자주 그런 오해를 받아. 내 고개는 똑바로 들었을 때보다 23.5° 기울어져 있어.

때론 안 좋은 인상을 주기도 하지만 내가 기울어진 채로 태양 주위를 돌기 때문에 계절이 변하는 거야. 만약 내가 고개를 똑바로 세우고 있었다면 사계절의 아름다움을 느낄 수 없을 거야!

▲지구

하루 종일 해가 떠 있는 나라

하루 종일 낮만 계속되는 나라가 있을까?
① 있다   ② 없다

아침이면 해가 뜨고 저녁이면 해가 지는 것은 누구나 아는 상식! 하지만 온종일 해가 지지 않는 곳도 있다.

아래 사진은 밤 11시, 핀란드 최대 호수인 사이마 호에서 바라본 모습이다. 밤 11시인데도 태양은 지지 않는다. 이 시간에 수영을 즐기는 사람들도 자주 만날 수 있다고 한다.

이렇게 종일 낮이 계속되는 것을 '백야 현상'이라고 한다. '백야'란 '하얀 밤'이란 뜻으로 해가 지지 않아 하루 내내 어두워지지 않는 현상을 말한다. 왜 이런 현상이 일어날까?

북극의 여름은(극에 가까운 지역)은 지구가 기울어져 있기 때문에 자전을 해도 태양빛을 받게 된다. 온종일 해를 바라보며 자전을 하기 때문에 낮이 계속된다.

반대로 겨울에 24시간 이상 해가 뜨지 않는 기간이 있는데, 이 현상을 '극야'라고 부른다.

▲ 사이마 호수

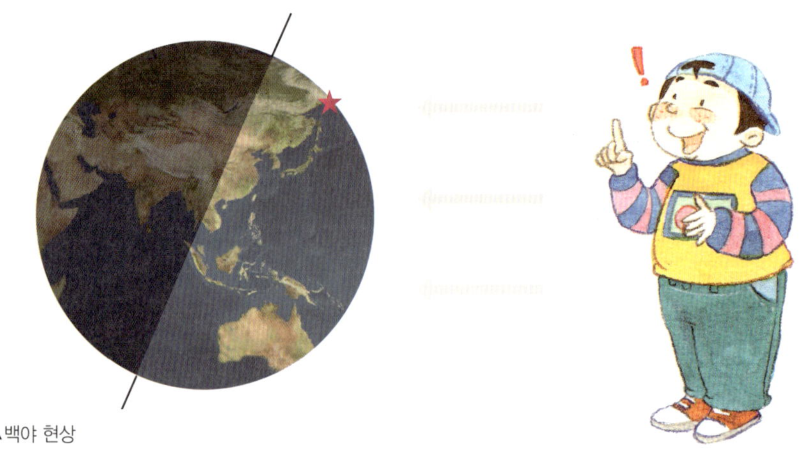

▲백야 현상

계절도 거꾸로, 지도도 거꾸로

▲거꾸로 뒤집힌 세계 지도

지구는 적도를 중심으로 적도 위는 북반구, 적도 아래는 남반구라고 한다. 세계 대부분의 나라는 북반구에 집중이 되어 있고, 한국 역시 북반구에 자리 잡고 있다.

따라서 우리는 자연스럽게 북반구 중심으로 생각하게 되는데, 우리가 평소에 보는 세계 지도는 북반구를 중심으로 그린 세계 지도다.

우리가 북반구를 중심으로 생각하듯이 남반구에 있는 나라들은 자신들이 사는 남반구를 중심으로 생각한다. 호주, 뉴질랜드와 같은 나라가 남반구에 있다. 따라서 세계 지도도 남반구를 중심으로 그린다. 그러다 보니 북반구에 사는 우리가 보기에는 세계 지도를 거꾸로 그린 것처럼 보인다. 사실 거꾸로 뒤집혔다는 것도 우리를 중심으로 생각했기 때문이다. 만약 남반구에 있는 나라는 우리의 세계 지도를 보고 거꾸로 그렸다고 생각할 것이다.

남반구에 있는 나라들은 우리나라와 계절도 반대다. 23.5° 기울어진 채로 태양 주위를 도는 지구의 모습을 다시 한 번 떠올려 보자.

북반구가 여름일 때 남반구는 겨울이다. 여름에 북반구는 태양을 향해서 기울게 되고 반대로 남반구는 태양에서 먼 쪽으로 기울게 된다. 따라서 남반구에서는 태양 고도가 낮아지고 낮의 길이도 짧아지기 때문에 기온이 낮은 겨울이 된다.

반대로 겨울에 북반구는 태양의 반대편으로 기울게 된다. 하지만 남반구는 태양을 향해서 기울기 때문에 태양 남중 고도가 높고 낮의 길이도 긴 여름이 된다. 북반구의 겨울에 남반구는 여름이 되기 때문에, 한국은 추운 크리스마스를, 호주는 무더운 크리스마스를 보내게 된다.

앙부일구 탐방하기

 **앙부일구를 만날 수 있는 곳**

▲세종대왕의 영릉

경기도 여주군 능서면 왕대리에 있는 세종대왕의 영릉에 가면 '앙부일구'를 만날 수 있다. 세종대왕은 정치, 경제, 문화면에서 훌륭한 업적을 쌓은 조선 제4대 왕이다. 앙부일구는 세종대왕이 왕 위에 있을 때, 만들어진 과학 기구다.

영릉은 세종대왕과 소헌왕후의 능이다. 기념관 밖의 잔디밭에는 세종 때 만들어진 다양한 과학 기구들을 똑같이 만든 전시물이 있다. 실물을 본떠 만든 해시계인 앙부일구를 비롯해서 그 받침대로써 조각이 아름다운 일구대, 올라가 하늘을 관찰하는 관천대, 현대의 자명종과 같이 소리를 내어 시간을 알리도록 고안된 물시계인 자격루 등이 있다.

앙부일구의 원리

앙부일구에서 '앙부'란 입을 벌린 솥을 말하고, '일구'란 해시계를 뜻한다. 즉 앙부일구는 하늘을 향한 가마솥 모양의 해시계를 말한다. 앙부일구는 그림자를 만들기 위해서 '영침'이라고 하는 뾰족한 막대를 달았다. 영침은 북극성을 향해 달려 있어서 영침의 그림자가 가리키는 자리를 보면 계절과 시각을 잴 수 있다.

영침의 그림자가 생기는 곳에 가로줄과 세로줄이 있는데 이 선은 달력과 시계의 정부를 담고 있다. 그 선을 보고 시간을 판단하게 된다. 가로줄은 24절기를 나타낸다. 24절기란 1년을 24등분한 것으로 밤이 가장 긴 동지에서부터 낮이 가장 긴 하지가 대표적이다. 계절에 따라 태양 고도가 달라져서 그림자의 길이도 다르다. 겨울에는 그림자의 길이가 길고 여름에는 그림자의 길이가 짧은데, 계절선에 나타난 그림자의 길이로 24절기를 알 수 있다.

▲앙부일구

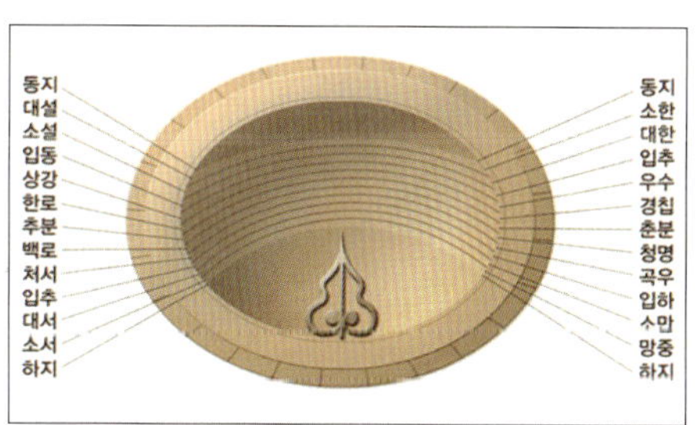

▲앙부일구의 구조

세로줄은 시간을 나타내는 선이다. 해가 동쪽에서 서쪽으로 이동하면서 그림자의 방향도 시간에 따라 이동하게 된다. 이를 통해 시간을 알 수 있다. 그런데 앙부일구를 통해 시간을 측정해 보면 현재 시간과 다르다고 한다. 그 이유는 무엇일까?

현재 우리가 사용하는 시간은 동경 135°를 기준으로 하고 있다. 그런데 동경 135°선은 울릉도 동쪽 350km 지점으로 동경 127°를 지나는 서울과 차이가 있다. 즉, 현재 우리가 사용하는 표준시가 지리적으로 정확한 표준이 아니어서 앙부일구와도 차이가 생긴 것이다.

두 번째 이유는 태양이 정남쪽 꼭대기에 뜨는 남중 시각이 날마다 조금씩 바뀌기 때문이다. 우리는 하루를 24시간이라고 하지만, 이것은 평균을 낸 값이다. 365일의 하루하루가 모두 24시간이 아니며, 약간씩 그 길이가 달라진다. 따라서 태양이 정남쪽에 오는 시간도 매일 조금씩 달라 앙부일구에도 오차가 생기는 것이다.

Chapter 11

석굴암 본존불상에서 발견한 빛!

석굴암 본존불상에서 발견한 빛!

▲석굴암 본존불상

동이 트는 새벽녘이면 햇빛이 석굴암 입구와 창을 통해 들어온다. 들어온 빛은 석굴암 본존불 이마의 백호 수정에 닿는다. 이 빛은 다시 반사되어 본존불의 양 어깨너머에 있는 십일면관세음상의 이마를 비추게 된다. 하지만 이 정교한 조명을 지금은 볼 수 없다. 일제 강점기 때, 일본인들이 석굴암 본존불 이마의 수정을 떼어 갔기 때문이다.

석굴암

석굴암은 토함산에 있는 사찰로 751년(경덕왕 10년)에 김대성이 세웠다. 특히 석굴암 본존불상은 종교성과 예술성이 뛰어나 세계 유네스코에서 지정한 자랑스러운 세계 문화 유산이기도 하다.

태양의 빛을 정교하게 받도록 설계된 석굴암. 더욱이 석굴암 본존불상은 춘분과 추분 때 태양이 떠오르는 정동 방향을 향하고 있다. 이는 우리 민족이 태양을 중요하게 생각했다는 것을 보여 준다.

훌륭한 인물의 탄생을 태양과 연결하기도 하는 등 인류는 예로부터 태양을 성스럽게 여겼다. 이집트에서는 왕이 태양의 후손임을 주장하기도 했다.

실제로 지구의 모든 생명체는 태양이 없으면 존재할 수 없다. 그만큼 태양은 중요한 존재라고 할 수 있다. 지구에서 바라보는 태양은 정말 밝은데 그럼 지구에서 멀리 떨어진 다른 은하계에 사는 외계인에게는 태양이 어떻게 보일까?

지구에서 가장 가까운 별, 태양

별이란 무엇일까? 별은 스스로 빛을 내는 천체[*]를 말한다. 우리가 잘 알고 있는 북극성, 북두칠성, 오리온자리, 카시오페이아 자리 등에 있는 별들은 모두 스스로 빛을 내는 천체들이기 때문에 별이라고 부른다.

그렇다면 빛이 나는 태양도 별일까? 태양도 스스로 빛을 내는 천체이기 때문에 별이다. 지구에서 보면 태양은 밤하늘의 별보다 훨씬 크고 밝다. 하지만 태양도 밤하늘의 별과 똑같은 천체다. 우리가 보기에 태양과 밤하늘의 별들이 달라 보이는 이유는 지구에서 떨어진 '거리' 때문이다.

밤하늘에서 가장 밝은 별인 시리우스는 지구에서 가까운 별임에도 불구하고 지구에서 8.6광년이나 떨어져 있다. 1광년은 빛이 1년 동안 가는 데 걸리는 시간을 뜻한다. 빛은 1초에 지구를 7바퀴 반이나 돈다. 이렇게 빠른 빛도 8년이 넘게 가야만 시리우스를 만날 수 있다.

천체
우주에서 존재하는 모든 물체. 항성, 행성, 위성, 혜성, 성단, 성운, 성간 물질, 인공위성 등을 통틀어 이르는 말이다.

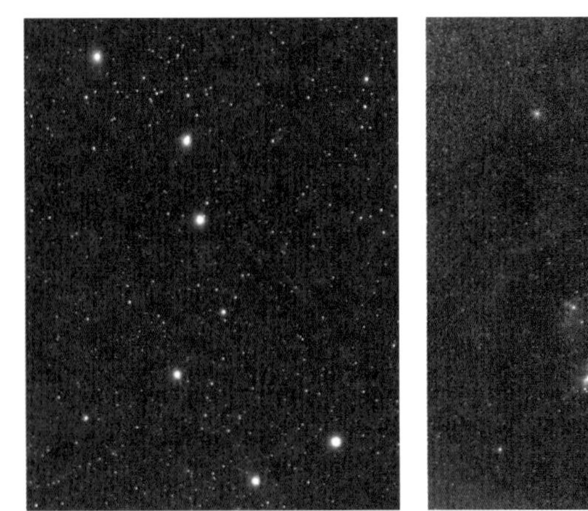
▲북두칠성

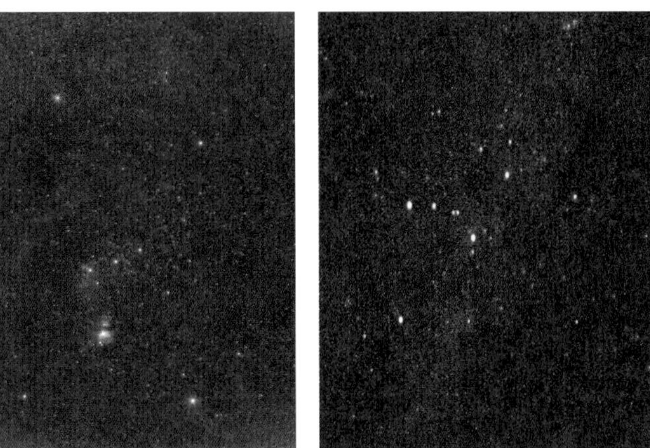
▲오리온자리

▲카시오페이아

반면 지구에서 태양까지는 빛으로 8분 20초 정도 걸린다.

태양과 별 모두 밝게 빛나는 천체이지만 태양이 다른 별들보다 훨씬 가깝게 있으므로 더 밝게 보인다. 즉, 태양은 지구에서 가장 가까운 별이라고 할 수 있다. 하지만 지구에서 제 아무리 밝은 태양일지라도 10광년 이상 떨어진 곳에서 본다면 태양도 작은 별처럼 보인다.

스스로 빛을 내는 천체, 별은 어떻게 태어난 것일까? 별은 차가운 먼지와 기체가 거대한 구름처럼 모여 있다가 서로 뭉쳐지면서 태어난다. 별이 태어나기 전, 차가운 먼지와 기체가 거대하게 구름처럼 모여 있다가 한 곳을 중심으로 돌기 시작한다. 그러면서 먼지와 기체들 사이에 중심으로 끌어당기는 힘(중력)이 커지며 점점 뭉쳐진다. 뭉쳐 있는 가스와 먼지의 질량이 커지면서 아기별은 차츰 중력이 커지고 뜨거워지게 된다. 그리고 결국 태양처럼 빛을 내는 별이 탄생하게 된다.

태양을 비롯하여 별들은 앞의 과정을 통해 태어나는 데 이를 '성운설'이라

고 한다. 여기에서 '성운'이라는 것은 별, 구름
이라는 뜻이다. 별이 탄생할 때, 별과 함께 뭉
쳐지지 못한 먼지와 가스들이 별 주위를 돌
게 되는데 이것이 바로 행성이다.

　이 사진은 지구에서 바라본 '성운'의 모습
이다. 눈을 부릅뜨고 보자. 사진 속 어딘가
에서 또 하나의 아기별이 탄생했을 수도

▲성운

있다. 태양계에서 10광년 이상 떨어진 곳에 사는 외계인도
태양의 탄생 과정을 봤다면, 아마 사진과 비슷한 모습이 아니었을까?

밤하늘에 행성과 별, 구별하기

　밤하늘에 보이는 모든 것이 별인 것은 아니다. 그중에는 별도 있고, 행성도 있다.
우리가 행성들을 볼 수 있는 이유는 태양빛이 그 행성 표면에 반사되어 우리에게 그 빛이 오
기 때문이디. 그렇디면 밤히늘의 행성과 별온 어떻게 구별할 수 있을까? 밤하늘 대부분이 별
이라고 할 수 있는데, 아른아른 거리면시 반짝이는 것이 별이다. 반면 반짝이지 않고 그냥 불
이 켜져 있는 듯한 것은 행성이다. 별은 너무나 멀리 떨어져 있어서 우리가 볼 때 크기가 아
주 작기 때문에
별빛이 공기를 통하는 동안 굴절을 일으켜 눈에서 잠시 벗어났다가 다시 들어왔다를 반복한
다. 이 때문에 별은 반짝이는 것처럼 보인다. 행성은 눈으로는 구분할 수 없지만 우리가 보는
크기가 별보다 크기 때문에 행성에서 출발한 빛이 굴절을 일으키더라도 눈에서 벗어나지 않
는다. 따라서 행성은 반짝이지 않는다.
좀 더 오랫동안 밤하늘을 관찰하면, 별과 행성의 위치로 둘을 구분할 수 있다. 별의 위치는
매일 조금씩 바뀐다. 지구는 태양 주위를 매일 바시계 방향으로 약 1°씩 돌고 있는데, 이러한

지구의 공전 때문에 별의 위치도 서쪽으로 1°씩 바뀐다. 이렇게 별들은 매일 조금씩 위치가 함께 변하지만, 행성들은 별들과는 다르게 움직인다.

누가 누가 태양계 가족일까?

태양계에는 요즘 보기 드물다는 대가족이 살고 있다. 수성, 금성, 지구, 화성, 목성, 토성, 천왕성, 해왕성 그리고 태양! 태양을 중심으로 8개의 행성이 수성, 금성, 지구, 화성, 목성, 토성, 천왕성, 해왕성 순으로 돌고 있다. 이러한 태양 가족들을 가리켜 과학자들은 '태양계'라고 부른다.

그렇다면 행성도 별이라고 할 수 있을까? 밤하늘을 보면 모든 천체들이 반짝반짝 빛을 내는 것처럼 보인다. 하지만 그중에서는 스스로 빛을 내는 것이 아니라, 별에서 나온 빛을 반사해서 보이는 것들도 있다. 그 대표적인 예가 바로 태양계의 행성들이다. 결국 태양계의 행성들은 별이 아니라는 얘기다!

어떤 경로로 여행하게 될까? 외계인들의 태양계 여행 코스를 살펴보자. 외계인이 태양계에 도착했을 때 가장 먼저 만나는 곳은 해왕성이다. 다음으로 천왕성, 토성, 목성 순서로 여행하게 된다.

목성 이후의 여행 일정은 매우 바빠질 것이다. 화성, 지구, 금성, 수성이 조밀하게 붙어 있어서, 봐야 할 코스가 많아지기 때문이다. 태양을 방문하는 것을 끝으로 외계인의 태양계 여행 코스는 마무리된다.

태양에 굉장히 가까운 수성, 금성, 지구, 화

▲태양계

성은 다른 행성에 비해 간격이 매우 가깝다. 반면 목성, 토성, 천왕성, 해왕성은 서로 멀리 떨어져 있다. 그럼 해왕성과 천왕성부터 여행해 보자.

행성들의 크기 비교

태양과 태양계를 구성하는 행성들의 크기는 서로 얼마나 다를까? 태양과 각 행성들의 적도 부분의 지름을 비교해 보자. 지구의 지름을 1이라고 했을 경우, 태양은 지구의 109배나 된다. 태양계 행성들 중에 크기가 가장 큰 행성은 바로 목성이다. 목성은 지구의 적도 지름 1을 기준으로 약 11배 정도 크다. 반대로 크기가 가장 작은 행성은 수성이다. 수성의 지름은 지구의 약 0.3배 정도로 매우 작다. 아래 표를 보면 행성들의 크기를 비교해 볼 수 있다. 우리가 살고 있는 지구는 태양계 식구들 중에서 수성, 금성, 화성 다음 네 번째로 작은 작은 행성에 속한다. 하지만 이 작은 행성에 전 세계 인류, 수많은 나라, 문화, 역사 또 갖가지 사건들과 삶의 이야기들이 담겨 있다는 사실이 참으로 경이롭다.

행성	적도 지름	행성	적도 지름
수성	0.383	목성	11.209
금성	0.949	토성	9.449
지구	1	천왕성	4.007
화성	0.533	해왕성	3.883

▲ 행성들의 크기

해왕성, 천왕성 여행!

천왕성, 해왕성, 명왕성 중, 태양으로부터 더 가까운 순서대로 나열한 것은?
① 천왕성–해왕성–명왕성 ② 천왕성–명왕성–해왕성 ③ 둘 다

▲해왕성

여행의 첫 번째 코스 해왕성! 해왕이란 '바다의 왕'이란 뜻으로 그리스의 신 포세이돈을 한자어로 바꾼 것이다. '청록색의 진주'라는 별칭을 가진 이 행성은 초록빛이 감돌아서 포세이돈이라고 이름이 지어졌다고 한다. 해왕성의 아름다운 초록빛은 바로 대기 중의 메탄* 때문이다.

해왕성은 태양계의 마지막 행성답게 아주 큰 궤도를 돌고 있어서 공전 주기가 매우 길다. 해왕성에서는 지구 시간으로 165년이 지나야 한 해가 지난다고 한다.

그렇다면 해왕성은 어떻게 처음 발견됐을까? 해왕성은 과학자들의 계산을 통해 발견된 행성이다. 이는 해왕성뿐 아니라 천왕성도 마찬가지!

해왕성을 발견하기 전부터 사람들은 해왕성의 존재를 짐작하고 있었다. 천문학자들은 천왕성의 움직임이 예상과는 다르다는 것을 알았고, 그 이유는 천왕성 밖에 존재하는 또 다른 행성이 끌어당기고 있기 때문이라고 생각했다. 천문학자들은 관측과 계산을 통해 또 다른 행성의 궤도 위치

메탄
색깔이 없고 냄새가 나지 않는 가연성 기체로 물에 녹지 않으며 공기 중에서 불을 붙이면 파란 불꽃을 내면서 탄다. 천연적으로는 늪이나 습지의 흙 속에서 유기물의 부패와 발효에 의하여 생기며 공업적으로는 일산화탄소와 수소를 반응시켜 얻는다. 화학식은 CH_4

를 예측했고, 마침내 1846년 9월 23일 예상했던 곳에서 1°도 벗어나지 않은 위치에서 해왕성을 발견할 수 있었다.

청록색의 진주, 해왕성 코스를 지나 이제 천왕성으로 가 보자. 천왕성은 발견한 기록이 남아 있는 인류 역사상 최초의 행성이다. 이 행성은 맨눈이 아닌 기계 망원경으로 발견한 첫 번째 행성으로 1781년 허셜에 의해 발견되었다.

▲ 천왕성

천왕성을 발견한 허셜은 어떤 일을 하던 사람일까? 그는 과학자도, 천문학자도 아닌 음악가였다. 성당에서 오르간 연주자로 일하던 허셜은 천문학에 관심이 많아 망원경을 직접 만들어 열정적으로 관측했다고 한다.

망원경을 보느라 연주회 때 입었던 아름다운 주름 장식의 정장을 갈아입지 않아서, 망원경의 기름으로 주름 장식이 너저워지곤 했다는 기록도 있다. 이러한 허셜의 뜨거운 열정 덕분에, 태양계의 7번째 행성을 발견할 수 있었다.

행성들의 이름은 그리스 로마 신화에 따라 짓는 것이 전통인데, 천왕성에는 ‘우라누스’라는 이름이 지어졌다. 천왕성은 태양에서 멀리 떨어져 있어서 평균 온도가 영하 200℃라고 한다.

천왕성의 특징 중의 하나는 자전축이 다른 행성보다 많이 누워 있다는 것이다. 지구가 23.5° 기울어졌는데, 천왕성은 98°나 경사를 이루고 있다. 거의 누워서 자전한다고 생각하면 된다.

또한 천왕성의 11가닥의 고리와 15개의 위성도 모두 공전하는 면에 대해 직각으로 돌고 있다. 이러한 특성 때문에 천왕성의 극지방은 온종일 태양을 향하는 때가 있는데, 반대쪽 극지방은 밤이 계속된다고 한다.

행성의 지위를 잃은 명왕성

국제 천문 연맹에서 행성의 조건으로 3가지 조건을 정했는데, 명왕성은 3가지 조건 중에서 특히 마지막 조건을 만족하지 못해 2006년 8월 24일 태양계에서 퇴출당했다.

국제 천문 연맹에서 정한 행성의 3가지 조건은 다음과 같다.

첫째, 태양 주위를 돌아야 한다.

둘째, 충분한 질량을 가져, 자체 중력으로 유체역학적

▲ 명왕성

평형을 이루는 한편 타원형이 아닌 구형(球形)을 유지해야 한다.

셋째, 주변 궤도의 다른 천체들을 깨끗이 흡수할 수 있는 천체(공전 구역 내에서 지배적인 역할을 하는 천체)여야 한다.

명왕성은 달보다도 질량이 작아서 주변 천체(해왕성, 위성 카론)들의 영향을 많이 받았다. 그래서 명왕성은 원형으로 공전을 못하고 크게 벗어난 타원으로 공전한다. 공전궤도가 일정하게 유지되지 않은 명왕성은 해왕성 안쪽으로 들어오는 때도 있었기 때문에 행성의 조건에 맞지 않아 행성의 지위를 잃고 말았다.

덩치가 큰 목성과 토성 여행!

이 사진은 목성 탐사를 위한 '파이어니어 탐사선'이다. 파이어니어 호는 과연 목성에 착륙할 수 있었을까?

▲파이어니어 탐사선

보너스로 명왕성까지 둘러봤다면 이제 토성으로 출발! 토성은 태양계에서 목성 다음으로 큰 행성으로 꼽힌다. 마치 훌라후프를 하는 듯한 모습의 토성! 살이라도 빼려는 걸까?

이처럼 토성은 아주 아름다운 고리를 가지고 있는데 이 고리는 하나가 아니라 작은 알갱이로 된 여러 개의 고리다. 이 고리는 토성이 만들어질 때, 남은 잔해들이 모여서 만들어진 것이라고 한다.

토성을 물에 띄우면 어떻게 될까? 토성의 부피는 지구보다 763배나 크지만, 질량은 95배밖에 되지 않는다. 따라서 토성의 밀도는 물보다 낮기 때문에, 물에 뜰 것이다.

이렇게 토성의 밀도가 작은 이유는 토성이 수소와 약간의 헬륨으로 구성되어 있기 때문이다. 또한 토성은 위성이 60개나 되는데, 그중에는 태양계에서 유일하게 대기를 가진 위성(타이단)

▲토성

도 있다.

왜 토성이 훌라후프를 하는지 알았다면 이제 목성으로 가 보자. 목성은 태양계 행성 중에서 가장 크고 무거운 행성이다. 목성의 지름은 지구의 11배이고 질량은 318배, 크기는 무려 1천 3백 배나 된다고 한다.

태양계 밖의 외계인이 태양계를 본다면, 태양과 목성이라는 두 개의 별로 이루어진 곳이라고 생각할 수도 있을 정도다. 그만큼 목성은 거대하다.

▲목성

목성의 적도 아래에는 '대적점(great red spot)'이라고 하는 붉은색 반점이 있다. 거대한 목성의 무늬답게 대적점 역시 지구가 들어가고도 남을 정도로 크다. 대적점은 시속 13km의 속도로 이동하는데 시간에 따라 색깔이 변한다.

태양계의 거인, 목성은 목성을 향해 끌어당기는 힘인 중력도 매우 크다. 목성의 중력은 지구의 2.54배로 지구에서 몸무게가 50kg인 사람이 목성에 가면, 120kg 이상이 된다. 여러분의 몸무게는 목성에 가면 얼마나 되는지 가늠해 보자!

목성 역시 토성처럼 가스로 된 행성인데, 목성의 가스 중 81%는 수소이며, 그 외에도 암모니아, 헬륨과 같은 기체가 있다. 밀도는 토성처럼 낮다고 한다.

목성을 탐사한 탐사선으로는 파이어니어 10호와 11호가 있다. 그러나 목성은 가스 행성이기 때문에 두 다리를 디딜 수 있는 땅이 없다. 그래서 목성 탐사선인 파이어니어 탐사선은 목성에 착륙할 수 없다.

목성 탐사선인 파이어니어 10호와 11호가 지구에 놀라운 사실을 보내 왔다. 목성은 스스로 에너지를 내보내고 있는데, 그 에너지가 태양으로부터 받는 에너지의 3배나 된다는 것이다. 이렇게나 큰 에너지가 있는데도 왜 목성은 별이 되지 못한 걸까?

그 이유는 목성의 질량이 별이 되기에 부족했기 때문이다. 만약 목성의 질량이 더 컸더라면 내부의 수소가 핵반응을 일으켜 핵융합이 일어났을 것이며, 어쩌면 제2의 태양이 됐을지도 모른다.

화성, 지구, 금성, 수성 여행!

다음 중 금성을 일컫는 말은?
① 개밥바라기별 ② 샛별   ③ 계명성   ④ 태백성

태양계의 네 번째 행성, 화성은 표면이 붉다. 그래서 동양 사람들은 이 행성을 불 화(火)자를 써서 화성이라고 부른다.

그리스인들은 붉은 것이 전쟁터를 생각나게 한다는 이유로 전쟁의 신 마르스라고 부르기도 한다. 하지만 화성 표면 전체가 모두 붉은 것은 아니다. 화성의 남극과 북극 지방은 극관이라고 하여 드라이아이스가 하얗게 보인다. 2001년에 발사된 미국의 마스 오디세이 호는 화성 북극 표면 아래에 광범위한 얼음 층이 있다는 사실에 확신을 불어넣어 주있고,

▲화성

2007년 8월 발사된 피닉스는 얼음의 존재를 확인시켜 주었다.

과학자들은 화성의 극지방에서 밝고 어두운 무늬가 주기적으로 바뀐다는 사실 때문에 물이 존재한다고 기대했다. 물이 있다는 것은 생명체가 존재할 수도 있다는 가능성을 말해 주기 때문이다.

▲지구

화성에 생명체가 있다는 확실한 증거는 없다. 그러나 여전히 화성은 태양계의 행성 중에서 물과 생명체가 있을 가능성이 가장 큰 행성이다.

이제 우리가 사는 터전, 지구! 태양계의 세 번째 행성으로 지구의 나이는 약 45억 5천 살 정도 되었다고 한다. 엄청난 나이!

지구는 45억 3천만 년 전에 생긴 달을 위성으로 두고 있으며, 얇은 대기층이 둘러싸고 있어 생물들이 살 수 있는 유일한 행성이다.

그렇다면 외계인이 바라본 지구와 달의 모습은 어떠할까? 왼쪽의 사진은 2008년 7월 17일 혜성 탐사선 '딥 임팩트'호가 지구로부터 3천 1백만 마일(약 5천 만km) 떨어진 곳에서 촬영한 달과 지구 사진이다. 달이 지구를 정면으로 지나갈 때 찍은 연속 사

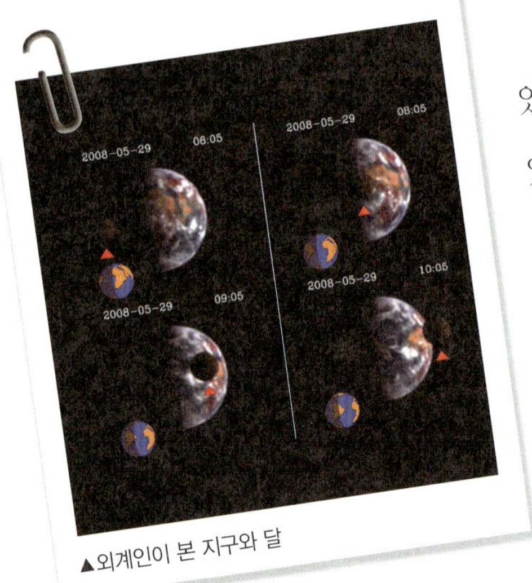

▲ 외계인이 본 지구와 달

진인데, 빨간색 화살표 위가 달의 모습이다.

태양계의 두 번째 행성인 금성은 밤하늘에서 가장 아름다워서 붙여진 이름이다. 금성은 해뜨기 전 새벽녘 동쪽 하늘이나 해가 진 직후 서쪽 하늘에서 볼 수 있다. 한국에서는 금성이 하늘에 나타나는 시간에 따라 다른 이름으로 불렀다고 한다.

우리 조상들은 새벽에 볼 수 있는 금성을 샛별, 명성(계명성)이라고도 불렀다. 또한 저녁에 나타나는 금성은 태백성, 개밥바라기별이라고 불렀다. 개밥바라기별이란, 집에서 키우는 개가 출출해질 저녁 즈음, 즉 개가 밥을 바라는 즈음에 금성이 뜬다고 하여 지어진 이름이다.

또한 금성은 행성 중에서 유일하게 태양이 서쪽에서 뜨는 행성이다. 다른 행성들은 자전과 공전이 같은 방향인데, 금성의 경우, 공전은 다른 행성과 같은 방향으로 하지만 자전은 반대 방향으로 한다. 그래서 금성에서 보면 태양이 서쪽에서 뜨는 것처럼 보인다.

겉보기엔 이렇게 아름답지만, 금성은 500℃로 아주 뜨겁고 이산화탄소로 가득 차 있는 행성이다. 또한 표면에서의 대기압도 90기압에 이른다. 그러므로 예쁘다고 금성에 쉽게 다가가면 아주 위험하다. 금성을 여행하는 외계인들에게 조심하라고 주의를 주자!

수성은 태양과 가장 가까이 있는 행성으로, 매우 빠른 속도로 태양 주위를 돌고 있다. 지구는

▲금성

태양 주위를 1년에 1바퀴 도는데 수성은 88일에 1바퀴 돈다. 수성에 가면 365일 동안 태양 주위를 약 4바퀴나 돌 수 있다.

수성은 너무나도 밝은 태양과 항상 붙어 다녀서 하늘에서 관측하기 쉽지 않다. 해뜨기 직전이나, 해진 직후에만 겨우 볼 수 있다. 또한 수성은 표면이 달과 아주 비슷해서 달의 표면처럼 크레이터가 많다고 한다.

▲수성

금성을 망원경으로 보면

금성을 망원경으로 보면, 달처럼 모양이 바뀌는 걸 볼 수 있다. 금성이 달처럼 모양이 바뀌는 이유는 무엇일까?

금성에 비치는 햇빛의 방향을 잘 보면 태양빛을 받는 부분과 받지 못하는 부분이 있다. 태양빛이 금성에 반사되는 부분을 금성의 얼굴이라고 하고 태양빛을 받지 못해서 검은 부분을 금성의 뒤통수라고 해 보자. 위의 그림을 보면 좀 더 쉽게 이해할 수 있다.

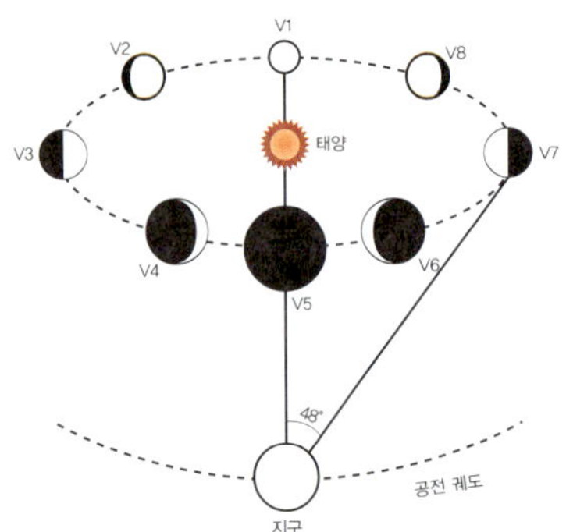

▲금성의 모양 변화

금성이 지구와 가장 가까이 있을 때(V5)에는 금성의 뒤통수만 보인다. 반면, 금성이 태양 너머 반대쪽에 있을 때(V1)에는 금성의 얼굴이 태양빛에 모두 비추어 보름달과 같이 둥근 모양으로 보이게 된다. 하지만 보름달 모양의 금성은 지구에서 멀리 떨어져 있으므로 그 크기가 작아 잘 보이지 않는다.

금성이 공전하는 길의 오른쪽 끝(V7), 왼쪽 끝(V3)에 있을 때, 지구에서 보는 금성의 모양은 반달 모양과 같다. 또한 금성이 가장 밝게 보일 때는 좀 더 살이 빠져서 초승달(V4)이나 그믐달(V6)과 같은 모양을 할 때다. 금성이 초승달이나 그믐달 모양일 때가 지구에서 가장 가까울 때이기 때문에 밝게 보인다.

금성뿐만 아니라 지구보다 안쪽에 있는 수성도 같은 원리로 금성과 같이 모양이 변한다.

초저녁에 관찰되는 경우의 모양 변화	새벽녘에 관찰되는 경우의 모양 변화
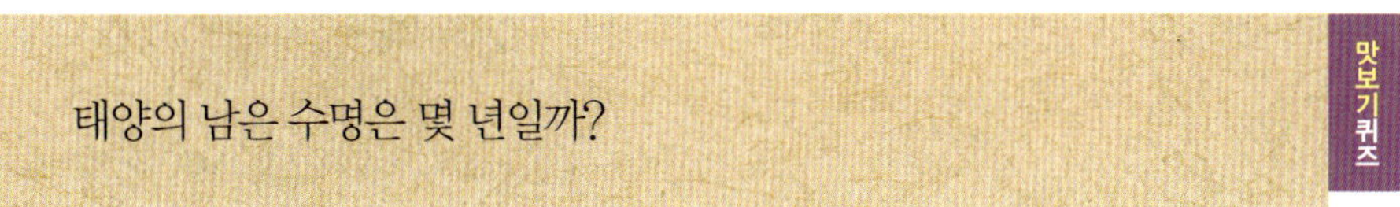	

▲수성의 모양 변화

생명의 근원, 태양

태양의 남은 수명은 몇 년일까?

　태양은 지구보다 109배나 크다. 지구가 탁구공 크기라면, 태양은 학교 교실 크기만 한 공이라고 할 수 있다.

　태양은 지구와 1억 5천만km나 떨어져 있다. 만약 태양에서 지구까지 걸어간다면 얼마나 걸릴까? 평균적으로 사람들은 1시간에 4km 정도 걷는다.

따라서 3천 7백 5십만 시간, 대략 4천 2백 8십 년을 꼬박 걸어야 한다. 한국의 역사를 약 4천 5백 년 정도라고 본다면, 단군 할아버지가 고조선을 세우고 난 후부터 1700년대인 조선 후기까지 계속 걸어와야 하는 거리다.

태양 내부에는 수소와 헬륨 가스가 아주 가득 차 있다. 수소가 타면서 헬륨으로 바뀌게 되고, 빛과 에너지를 내게 되는데, 이를 핵융합 반응이라고 한다.

태양에서 나온 이 빛 덕분에 우리는 살아갈 수 있다. 태양에서 나온 빛 덕분에 식물들이 자라고, 식물 덕분에 동물이 자라고, 이런 식물과 동물 덕에 우리 사람이 살 수 있다.

현재 태양의 나이는 대략 50억 살이다. 그러면 지구의 생명체들은 언제까지 태양의 도움을 받으며 살 수 있을까? 과학자들에 의하면 앞으로도 50억 년 동안 태양은 더 살 수 있다고 한다.

태양 표면 위에는 검은 반점이 있는데 이를 태양의 '흑점'이라고 한다. 전체 태양의 크기에 비해 흑점은 매우 작아 보이지만, 대체로 지구 크기만 하며 흑점도 그룹을 이룬다. 흑점은 까맣게 보이는데 사실 태양의 밝은 빛에 비해 상대적으로 어두워 보이는 것이지 실제로는 매우 밝다.

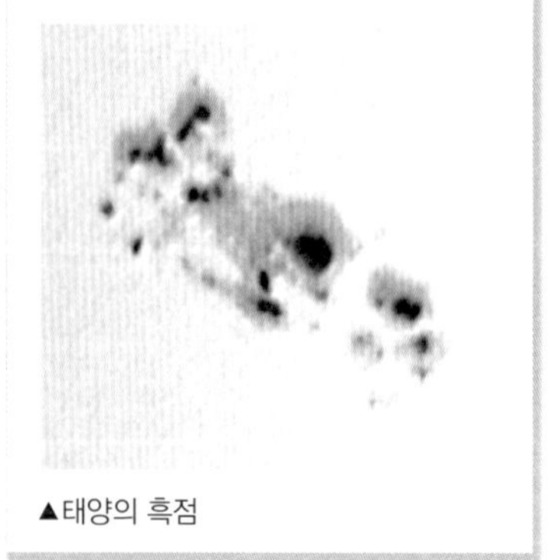

▲태양의 흑점

흑점은 태양에서 생기는 강한 자기장에 의해 생긴다. 강한 자기장은 에너지가 흘러가는 것을 느리게 한다. 이 때문에 흑점 부분은 다른 부분보다 온도가 낮아 어두워 보인다.

태양의 흑점은 11년을 주기로 많아졌다 적어졌
다를 반복한다. 흑점 수가 많아지면 태양 표면에
폭발 현상이 자주 일어난다.

태양에서는 강한 전하 입자들이 나오는데 이
를 태양풍이라고 한다. 흑점이 많아지면 태양
풍도 많아지고, 이 태양풍이 지구 대기 중으로 들어오
면서 극지방에 많은 오로라를 만들어 낸다.

▲ 극지방의 오로라

태양계 지도 그리기

태양에서 각 행성까지의 거리를 비교해 보자. 태양을 서울로, 해왕성을 부산이라고 가정하면, 나머지 7개의 행성은 각각 어느 지역에 해당할까? 태양에서 행성까지의 거리를 고려하여 해당 지역을 추측해 보자.

준비물

필기도구, 우리나라 지도

 탐구 순서

① 태양에서 각 행성까지의 거리를 조사한다.

② 태양부터 지구까지의 거리를 1로 보았을때 각 행성의 거리를 따져 본다.

③ 태양을 서울로, 해왕성을 부산이라고 가정했을 때 각 행성의 지역을 추측해 본다.

행성 이름	거리	태양에서 지구까지의 거리가 1일때	지역
수성	약 5,791만km	0.5	
금성	약 1억 820만km	0.75	
지구	약 1억 4,960만km	1	
화성	약 2억 2,794만km	1.5	
목성	약 7억 7,833만km	5.3	
토성	약 14억 2,698만km	9.7	
천왕성	약 28억 7,099만km	19.6	
해왕성	약 44억 9,707만km	30.8	부산

▲태양에서 행성까지의 거리

아래 지도는 서울에서 부산까지를 태양에서 해왕성까지라고 생각하고, 각 행성 간 간격을 비율에 맞추어 해당 지역에 표시한 것이다.

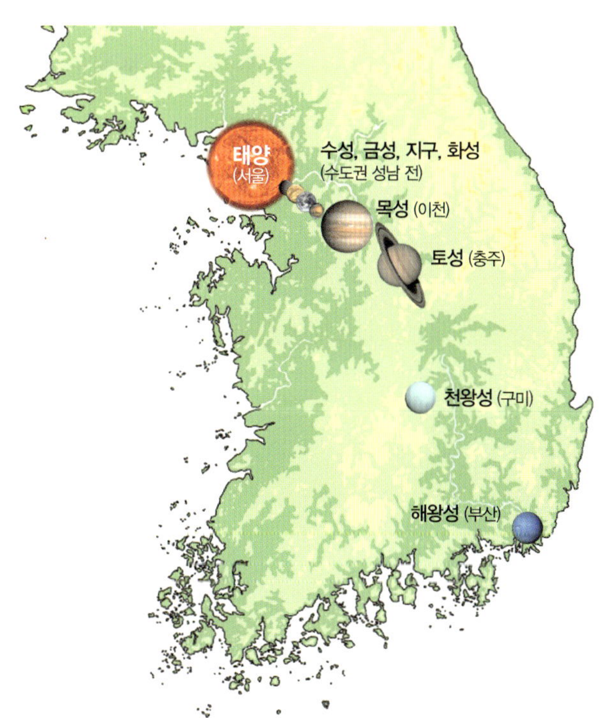

지도를 보면 수성, 금성, 지구, 화성은 모두 서울에서 가까운 수도권 내에 있다. 태양계에서 목성, 토성, 천왕성, 해왕성은 태양으로부터 멀리, 그리고 행성 간의 간격이 넓게 떨어져 있다.

반면 태양으로부터 네 번째 행성, 화성까지는 조밀하게 밀집되어 있다는 것을 알 수 있다.

 생각 나누기

· 우리나라 지도뿐 아니라 세계 지도로도 태양계 지도를 만들어 보자.

Chapter 12

산꼭대기에 조개가!

산꼭대기에 조개가!

▲ 히말라야 산맥

'세계의 지붕'이라고 불리는 히말라야 산맥. 세계에서 가장 높은 산인 에베레스트 산을 포함하여 8천m의 14개 봉우리가 모두 이곳에 모여 있다.

히말라야는 산스크리트어로 '눈이 사는 곳'이라는 뜻이다. 히말라야의 봉우리들은 너무 높아서 1년 내내 눈이 녹지 않는데, 이 때문에 이런 이름이 붙여졌다고 한다.

그런데 이렇게 높은 히말라야에서 조개 화석이 발견되었다고 한다. 조개는 바다에 사는 생물인데 어떻게 산꼭대기에서 발견되었을까?

히말라야 산맥에서는 조개뿐만 아니라 암모나이트라는 바다 생물 화석도 발견되었다고 한다. 과거의 조개와 암모나이트는 산에서 살았던 것일까? 아니면 히말라야 산맥이 과거에는 바다였던 것일까? 도대체 왜 거대한 산맥에서 바다 생물의 화석이 발견되는 것일까?

달걀은 달걀 껍데기, 지구는 지구 껍데기?

히말라야 산맥에서 발견된 조개 화석의 비밀을 풀려면 우선, 지구 내부 구조에 대해 알아야 한다. 과연 우리가 살고 있는 지구의 내부는 어떻게 생겼을까?

달걀에 달걀 껍데기가 있듯이, 지구에도 껍데기가 있다. 이를 '지각'이라고 한다. 세계에서 가장 높은 에베레스트 산의 높이는 8,848m이고, 사람들이 가장 깊이 판 구멍은 약 13km라는데, 지각의 깊이는 얼마나 될까?

지각의 깊이는 6~70km(평균 약 30km정도)로 바다 지각은 얇은 편이고, 대륙 지각은 두꺼운 편이다. 6~70km가 매우 두껍게 느껴질 수 있지만 사실 전체 지구의 크기를 생각하면 달걀 껍데기에 비유할 정도로 매우 얇은 두께다.

달걀 껍데기와 달리 지각은 여러 개의 조각으로 이루어져 있다. 이 조각을 '판'이라고 한다. 지구의 껍데기, 지각 밑에는 진득진득하고 매우 뜨거운 '맨틀'이 있다. 맨틀이 만약 물로 구성되어 있다면 움직임도 빠르겠지만, 맨틀은 물엿과 같이 진득진득해

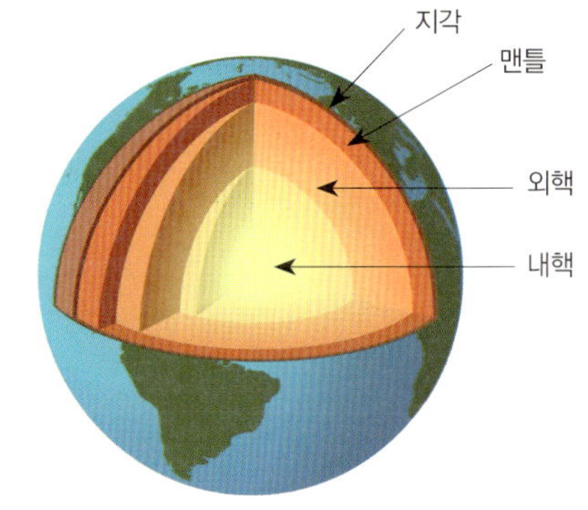

▲지구의 구조

서 아주 천천히 이동한다. 맨틀의 깊이는 2,900km나 되고 온도는 1,000℃나 된다고 한다. 화산 활동을 할 때 분출되는 용암은 맨틀의 일부가 약한 지각을 뚫고 밖으로 나온 것이다.

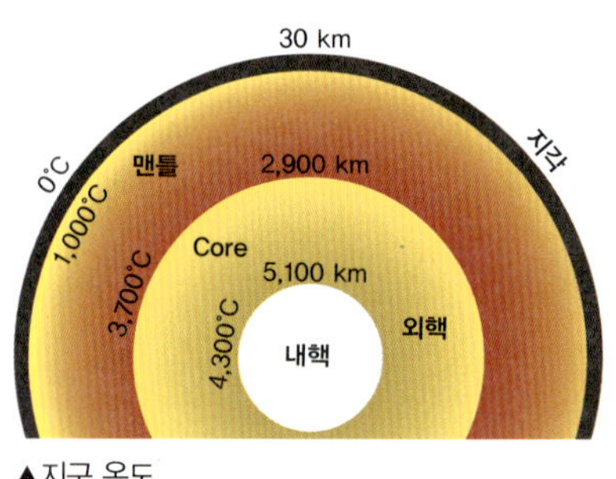

▲지구 온도

맨틀 밑에는 외핵이 있다. 약 2,900km 지점에서 5,100km까지 위치한 외핵은 온도가 3,700℃로 액체 상태로 존재한다. 외핵 밑에는 단단한 내핵이 있다. 고체 상태의 내핵은 지각, 맨틀, 외핵 중에서 가장 온도가 높아, 무려 4,300℃나 되고. 압력도 가장 세다고 한다.

태양 표면의 온도가 약 6,000℃인 것을 생각하면, 태양에 버금갈 만큼 굉장한 온도라는 것을 알 수 있다.

아주 천천히 그리고 끊임없이 움직이는 판

맛보기 퀴즈   일본에 지진이 많이 나는 이유는?

퍼즐 조각처럼 나누어져 있는 다음의 세계 지도는 히말라야의 조개 화석 문제를 푸는 데 아주 중요한 열쇠다. 이 세계 지도에서 퍼즐 조각 하나하나가 바로 '판'이다.

앞에서 말했듯이 지각은 여러 개의 판으로 이루어져 있다. 그림에서 어떤 판이 있는지 살펴보자.

지구의 지각은 태평양판, 유라시아 판, 호주-인도 판, 북아메리카 판, 남아메리카 판, 남극 판, 아프리카 판 등으로 이루어져 있다. 우리나라는 어느 판에 속해 있을까? 바로 유라시아 판에 있다. 이웃 나라 일본도 유라시아 판에 속해 있지만, 우리나라보다 유라시아 판의 끝에 있다는 것을 알 수 있다.

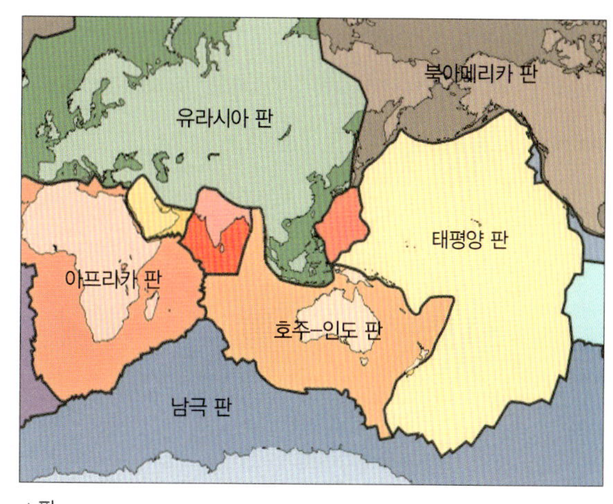

▲판

지각의 판들은 아주 천천히, 그리고 끊임없이 움직인다. 지구 내부의 힘에 의해 지각의 판들은 매년 수cm씩 움직인다. 이때 판들이 움직이면서 서로 부딪히게 되는데, 그 충격으로 지진, 화산 등 각종 지각 변동이 일어난다. 이러한 설명을 '판 구조론'이라고 한다.

지진이 많이 나는 나라, 일본! 우리나라와 가까이 있으면서도 일본에만 지진이 많이 일어나는 이유가 바로 여기에 있다. 판들이 서로 부딪히면 판의 끝에 있는 일본은 판의 안쪽에 있는 우리나라보다 충격이 더 크다.

이처럼 우리나라는 판의 안쪽에 있기 때문에 일본보다 충격을 덜 받아 지진도 드물게 일어난다. 우리나라가 판의 안쪽에 있어서 다행이라고 생각할 수 있겠지만 우리나라도 지진에 대해 안심만 하고 있으면 안 된다.

그런데 이 거대한 판을 누가 움직이는 것일까?

지진이 발생하는 지역을 표시해 보면 띠 모양이 나오는데, 이를 '지진대'라고 한다. 지진대와 판으로 나누어진 세계 지도를 비교해 보면 판의 경계가 지진대와 비슷하다는 것을 알 수 있다. 이는 판의 경계에서 일어나는 충돌로 지진이 자주 발생하기 때문이다.

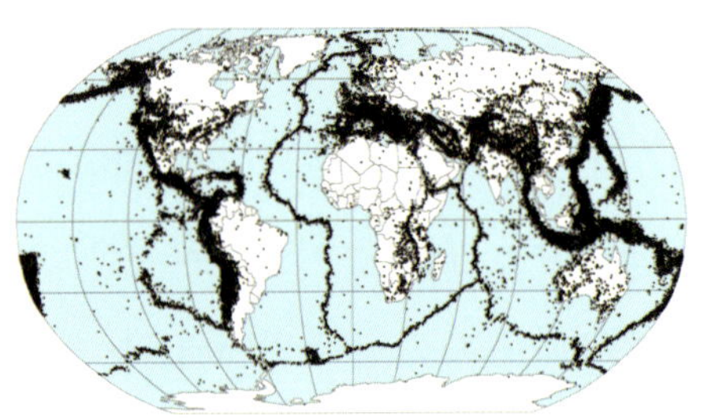

▲지진대

지각을 움직이는 힘의 정체

"지각은 여러 개의 판으로 되어 있고, 이 판들이 움직이면서 부딪히는 충돌로 생기는 것이 지진이나 화산이다."라는 판 구조론을 처음 생각해 낸 사람은 바로 베게너라는 과학자다.

베게너는 대단한 과학자이긴 했지만, 처음부터 사람들이 베게너의 판 구조론을 믿은 것은 아니었다. 당시 사람들은 땅이 움직인다는 베게너의 생각을 터무니없다고 생각했기 때문이다. 사람들을 설득하려고 베게너는 판 구조론을 증명하기 위한 여러 가지 증거를 내놓았다.

아마도 베게너는 퍼즐을 굉장히 좋아하는 사람이 아니었을까? 베게너는 아프리카 서부 해안과 남미 대륙의 동부 해안선이 비슷하다는 것을 보고, 떨어져 있는 두 대륙이 원래는 하나의 거대한 대륙이었을 것이라는 생각을 했다. 그래서 두 대륙의 옛날 동식물 화석 종류와 산맥의 모양을 비교해 보았는데, 정말로 두 대륙에서 발견되는 생물 화석의 종류가 같았고, 두 대륙을 합치면 산맥 모양이 하나처럼 이어졌다.

이를 증거로 베게너는 두 대륙이 원래는 하나였지만, 지각이 천천히 이동함에 따라 멀어진 것이라고 주장했다. 베게너의 이러한 주장을 '대륙 이동설'이라고 한다.

하지만 이러한 멋진 발상에도 불구하고, "그럼 누가 그 거대한 대륙을 움직였을까?"라는 이 중요한 질문에 정답을 찾지 못했던 베게너는 사람들을 설득시킬 수 없었다. 베게너가 죽은 후에야, 비로소 판 구조론을 지지하는 이론들이 발견되기 시작했다.

지구는 커다란 자석이라고 할 수 있다. 모든 자석에는 N극과 S극이 있듯이 커다란 지구 자석에도 N극 S극이 있다.

그런데 지구의 N극은 오랜 시간 동안 그 방향이 조금씩 변해 왔다. 이 변화를 우리는 아무도 느끼지 못하지만, 다행히 지각의 암석, 즉 돌멩이에는 그 흔적이 남는다.

암석에 남은 흔적을 분석한 과학자들은 지금의 유럽 대륙과 아메리카 대륙이 붙어 있어야 N극의 방향이 통일된다는 점을 알 수 있었고, 이를 통해 대륙이 이동했다는 사실이 확인되었다.

판 구조론에 힘을 실어 주는 또 다른 이론이 있었는데, 바로 '해저 확장설'이다. 지각에는 '해령'이란 곳이 있다. 해령에서 나오는 고온의 마그마는 계속해서 새로운 지각을 만들고, 기존에 있던 지각(판)들은 옆으로 밀려난다. 이러한 과학적 증거들로 인해 사람들은 판 구조론을 믿기 시작했다.

그렇다면 베게너가 풀지 못했던 숙제, 지각을 움직이는 힘의 정체는 무엇

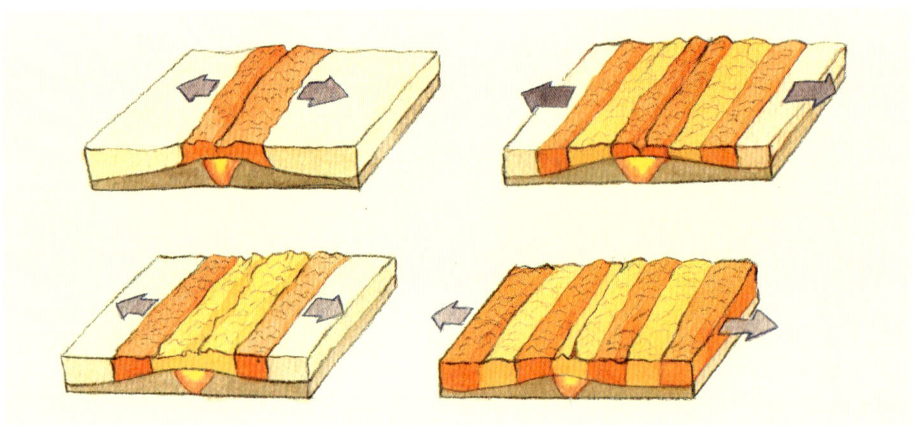

▲맨틀 대류 현상

일까? 이에 대한 정답은 맨틀에 있다.

지각 밑에 있는 맨틀은 마치 물엿처럼 대류 현상[*]을 일으키며 움직인다. 지각의 판들은 이 맨틀 위에 둥둥 떠 있는 모습이라고 생각하면 된다. 맨틀이 대류 현상을 하면서 서서히 움직이면 그 위에 떠 있는 지각도 함께 따라서 움직이게 된다.

초대륙 '판게아'

처음에 지구의 모든 대륙들은 하나로 붙어 있었다. 이러한 대륙을 '판게아 (Pangaea, 모든 땅)'라고 한다. 판게아는 고생대와 중생대에 존재했던 초 대륙으로 판 구조론을 주장했던 독일의 베게너가 제안한 이름이다.

3억 년 전, 판게아가 만들어졌고 애팔래치아 산맥, 아틀라스 산맥, 우랄 산맥 등도 생겨났다. 맨틀의 대류 운동에 의해 지각이 조금씩 움직이면서 판게아도 서서히 움직이기 시작했다. 대륙들이 서서히 움직이면서 지금의 모습에 이르게 된 것이다.

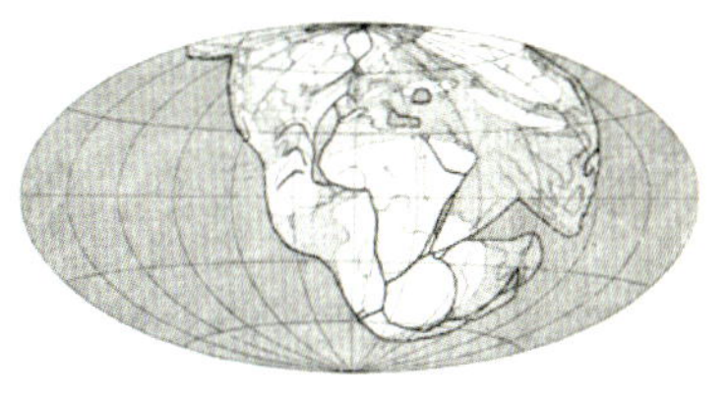 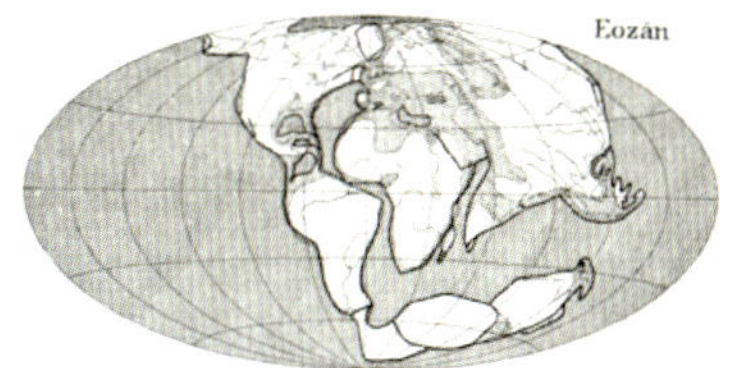 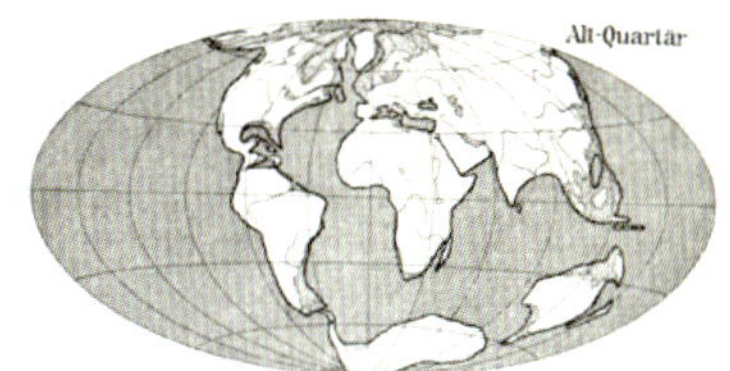

▲판게아

점점 높아지는 히말라야 산맥

지구에서 가장 높은 산인 에베레스트 산의 높이는 8,848m이다. 에베레스트 산은 영원히 이 높이를 유지할 수 있을까?

▲에베레스트 산

　히말라야 산맥도 지각의 판이 이동하는 과정에서 생긴 것이다. 사실 처음에 히말라야 산맥은 바다 밑바닥에 있었다. 그때는 산맥이 아니었기 때문에 조개, 암모나이트와 같은 다양한 바다 생물이 살고 있었고, 죽은 조개나 바다 생물이 묻히기도 했다.

　하지만 시간이 흐르자, 새로운 지각이 생겨나면서 지각이 밀리기 시작했다. 그러자 바다 밑바닥이었던 히말라야 산맥 부근의 지역도 밀리면서 점차 솟아오르기 시작했고, 밀리는 힘에 의해 지각이 뭉개지고 구부러지기도 했다. 이 과정에서 거대한 산맥이 형성되었다. 이러한 지각의 움직임은 지금도 계속되고 있다. 우리는 느낄 수 없지만, 지각은 조금씩 움직이고 있고 히말

▲ 히말라야 산맥 형성 과정

라야 산맥도 서서히 밀리고 있다.

실제로 1952년 인도 측량대가 히말라야 산맥의 높이를 측정했는데, 그 후 1975년 중국 측량대가 측정해 보니 1952년의 높이보다 13cm 정도 더 높아졌다고 한다. 우리의 키가 점점 크고 있는 것처럼 히말라야도 점점 키가 크고 있다!

앞에서 말했듯이 평소에 우리는 지각의 움직임을 느끼기 어렵다. 그런데 가끔 지각의 움직임을 아주 크게 느낄 수가 있다. 이것이 바로 '지진'이다. 지진은 판이 이동하면서 부딪히는 충돌로 일어나는 지각 변동이다.

지층은 지구 내부의 큰 힘을 받아 휘거나 끊어지기도 하는데, 이때도 지진이 발생한다. 또한 화산이 폭발하거나 지하의 커다란 동굴이 무너질 때도 지진이 발생한다.

이 외에도 사람에 의해 인공적으로 만들어진 지진도 있다. 핵 실험을 하면 충격에 의해 땅이 흔들리는데 이러한 지진을 인공 지진이라고 한다. 북한에서 핵 실험을 한다는 사실을 알게 된 것도 바로 이 인공 지진 덕분이다.

단층과 습곡

고무찰흙을 쌓아 놓고 옆에서 힘을 주면 어떻게 될까? 또 스티로폼 판은 옆에서 힘을 주면 어떻게 될까? 고무찰흙은 휘어지고, 스티로폼은 부러진다.

지구의 지층도 고무찰흙이나 스티로폼과 같다. 지층이란 암석이나 흙이 오랜 시간 동안 쌓여서 생긴 층을 말하는데, 지층이 지구 내부에서 힘을 받아 고무찰흙처럼 휘는 것을 습곡, 스티로폼처럼 끊어지는 것을 단층이라고 한다. 습곡과 단층이 일어나면 지진이 발생한다.

▲ 변산반도 단층

▲ 변산반도 습곡

무시무시한 지진, 그 피해

어떤 사건이 일어나기 전과 후의 인도네시아 모습을 인공위성으로 찍은 2장의 위성 사진이다. 어떤 사건이 일어난 것일까?

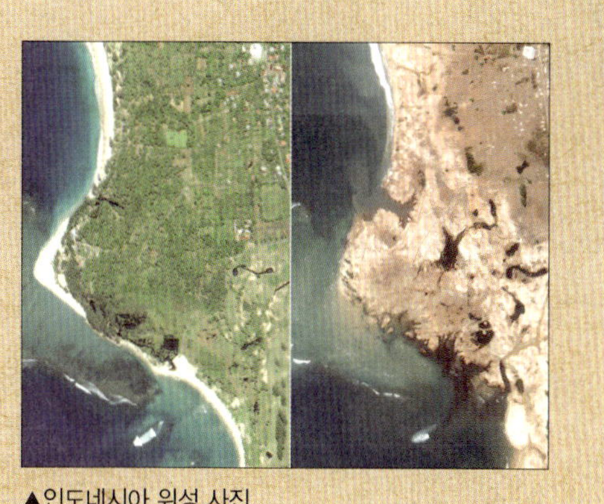
▲ 인도네시아 위성 사진

지난 2004년 12월 26일, 인도네시아 수마트라 섬 북서쪽 해안에서 리히터 규모 8.9의 지진이 발생했다. 거대한 파도가 육지를 덮치면서 해안가는 초토화되었고, 해안선의 모습까지 바뀌었다.

이 지진은 최근 40년간 일어났던 지진 중, 가장 큰 규모의 지진으로 남부 아시아 각국에서 수만 명이 숨지거나 다쳤다고 한다. 특히 지진으로 발생한 해일이 벵골 만을 가로질러 스리랑카 · 인도 · 타이 · 말레이시아 · 미얀마 등 주변국 해안을 강타하면서 막대한 인명 피해를 냈다.

특히 2004년 인도네시아 지진은 바다인 인도양에서 발생한 것이 큰 특징이다. 바다에서 지진이 발생하면, 그 충격이 바닷물의 파도를 통해 전해지며 거대한 파도를 만들어 낸다. 이렇게 지진으로 만들어진 해일을 '쓰나미'라고도 하는데, 이로 인해 수많은 사람이 죽거나 다쳤다. 설경구, 하지원이 주연한 '해운대'라는 영화를 보면, 쓰나미의 위력을 실감할 수 있다.

이 외에도 지진이 발생하면, 건물이 무너지고 도로가 끊기며 화재, 폭발 사고로 큰 피해가 생긴다. 무엇보다도 가장 가슴 아픈 것은 많은 사람이 다치거나 죽는 것이다.

'지피지기면 백전백승'이라고 했다. 적을 알아야 전쟁에서 이길 수 있듯이 무시무시한 지진의 피해를 줄이기 위해서는 무엇보다도 지진에 대해서 확실히 아는 것이 중요하다.

단층, 화산, 판의 움직임 등 다양한 이유로 지진은 발생한다. 물에 손을 담그면, 손에 파도의 물결이 전달되듯이, 지진 또한 진동이 사방으로 전달된다.

한편 지진이 발생한 땅속의 지점을 '진원'(지진의 원인이 된 곳)이라고 하고,

진원에서 땅 위로 올라와 땅과 바로 만나는 지점을 '진앙'이라고 한다.

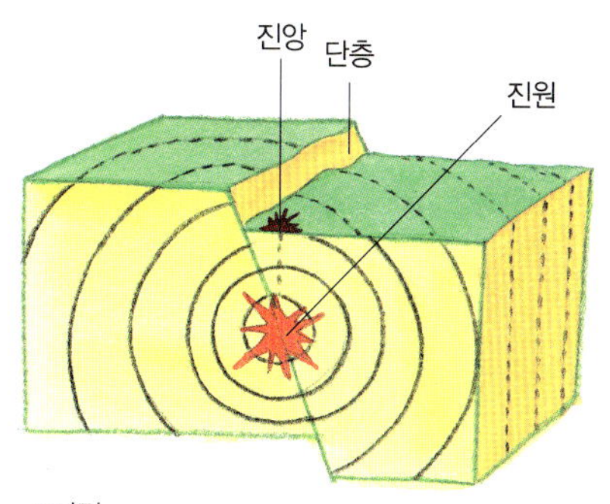

▲지진

만약 '홍성에서 지진이 발생했다.'고 한다면 홍성은 진앙이 되고, 홍성 밑의 땅속의 어느 지점에 진원이 있는 것이다.

진원에서 발생한 지진이 파도처럼 퍼져 나가는 진동을 '지진파'라고 한다. 지진파는 P파와 S파로 나뉘는데, 두 파의 진동 방식이 다르다. P파는 이동 방향과 똑같은 방향으로 진동하는 반면, S파는 수직으로 진동하면서 이동을 한다.

지진이 발생하면 진원으로부터 지진파가 퍼져 나가는데, P파와 S파는 이동 속도가 달라서 관측소에 도착할 때까지 시간적인 차이가 생긴다. 이 시간 차이를 이용해서 과학자들은 진원, 진앙을 찾아낸다.

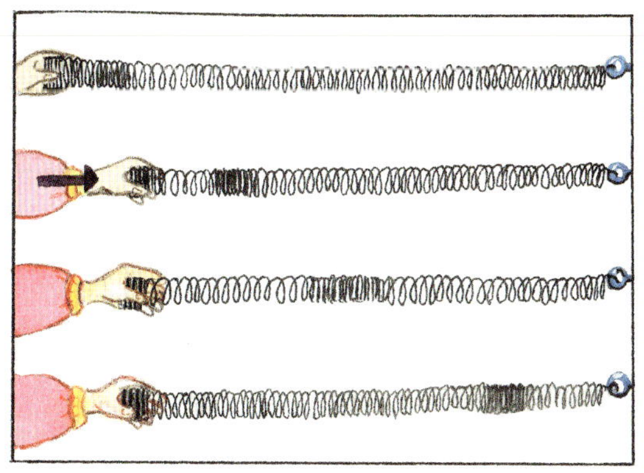

▲P파

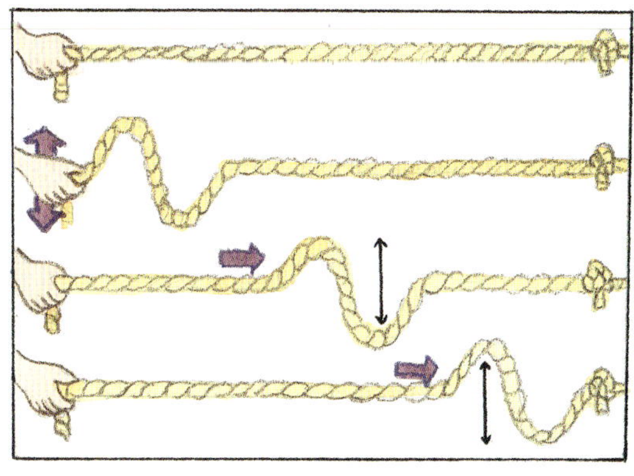

S파

동물들의 대피 소동

"동물들이 이상 행동을 보이고 있다. 마을의 쥐가 사라지고 개와 고양이가 소란을 피우고, 먹이를 먹지 않는다. 가축들은 우리에 들어가려 하지 않았고 까마귀가 크게 울어 댄다. 물고기들이 표면에서 튀어 오르고, 땅이 크게 울리는 경우도 있다."

1978년 일본 이즈·오시마에서 갑자기 동물들이 이상한 행동을 보이기 시작했다고 한다.

왜 동물들은 이상한 행동을 했을까? 신기하게도 동물들이 이상 행동을 보인 2~3일 후에 지진이 발생했다고 한다. 그렇다면 동물들에게는 지진을 예지하는 능력이 있다는 것일까?

지진 징후를 느끼는 동물은 70여 종에 이르는데, 특히 굴속에 사는 동물과 땅에 온몸을 붙이고 사는 뱀과 개구리, 진흙탕 속에 사는 메기 등이 예민하게 느낄 수 있다고 한다.

이렇게 동물들은 사람이 느끼지 못하는 작은 진동이나 지구 중력의 변화, 자기력의 변화를 민감하게 느끼기 때문에 이처럼 지진을 미리 예측할 수 있다고 한다.

지진 대피하기

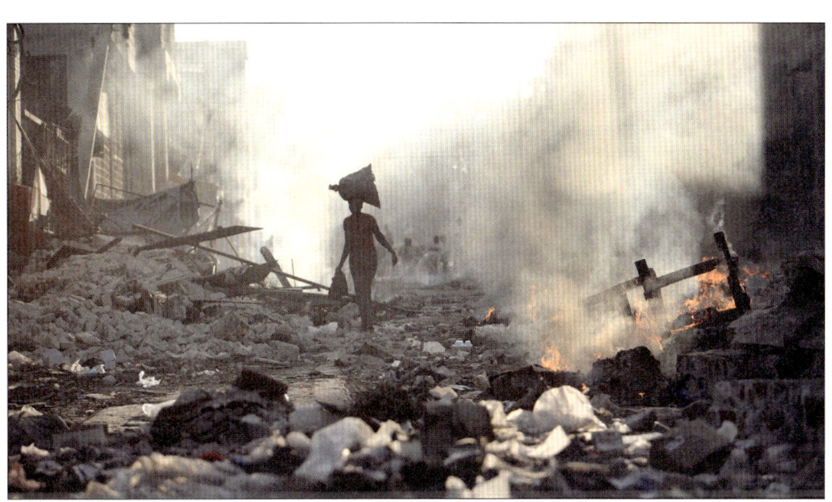

▲ 2010년 아이티에서 발생한 지진 참사

지진이 발생하면 어떻게 대처하는 것이 가장 안전할까? 학교에서 가상 지진 대피 훈련이 있다고 한다. 이 훈련에서 최후의 생존자에겐 큰 상을 준다고 하는데 감사하게도 우리를 도와주기 위해 지진 박사님으로부터 편지 하나가 도착했다!

지진 대피 훈련에서 살아남을 수 있는 생존 전략을 알려 줄게. 우선 건물 안! 건물의 출구가 어디 있는지 확인해서 필요한 경우 재빨리 빠져나갈 수 있도록 출구를 확보해 두어야 해. 그러나 지진이 진행되는 동안 건물 밖으로 나가서는 안 돼. 위험한 물건들이 대량으로 떨어질 수도 있기 때문이지. 머리를 보호하기 위해 담요, 방석 등으로 머리를 감싸거나 책상이나 침대 밑으로 들어가렴. 이 행동이 쉽지 않으면 건물 기둥 가까이 서 있자! 참! 가스 밸브를 잠그는 것 잊지 말고. 가스가 새어 나와 폭발하거나 화재가 발생할 수 있거든.

엘리베이터 안에 있는 것은 굉장히 위험하단다. 지진이 발생할 때는 대부분의 전원이 끊기기 때문에 엘리베이터 안에 갇힐 수 있거든. 이럴 땐, 모든 층을 누른 뒤, 가장 가까운 층에서 내려. 엘리베이터에서 탈출하기 위해 비상벨을 누르고 침착하게 구조 요청을 해야 한단다.

지하철 안은 비교적 안전해. 단, 절대 지하철 밖으로 뛰어내려서는 안 된단다. 맞은편의 지하철에 치이거나 고압선에 감전될 수 있기 때문이지. 고정된 물체를 잡고 무거운 물체는 되도록 바닥에 두렴. 안내 방송에 따라 침착하게 대피하는 것이 중요한 것, 알지?

건물 밖에 있을 때에는 건물에서 떨어지는 유리, 간판 등에 머리를 다치지 않도록 가지고 있는 소지품으로 머리를 보호하렴. 되도록 넓은 공터로 대피하는 게 좋단다. 넓은 공터가 없는 경우엔 건물 안으로 대피해야 해.

이제 지진이 났을 때, 어떻게 대피해야 하는지 잘 알았을 것이다. 그런데 안타깝게도 미처 편지를 읽지 못한 일부 친구들이 잘못된 생각을 하고 있다. 어떤 점이 잘못됐는지 알려 주자!

재석 : 지진이 발생한 즉시 건물 밖으로 대피하는 것이 좋아.

준하 : 건물의 고층에 있는 것은 대단히 위험하므로 엘리베이터를 타고 신속히 내려와야 해.

홍철 : 지진이 발생했을 때, 책상 밑으로 숨는 것은 떨리는 마음을 진정하기 위해서야.

형돈 : 지하철 안은 위험하므로, 비상시 지하철 문 여는 방법을 숙지해서 뛰어 내려야 해.

그럼 이제 지진을 대비해 비상 용품들을 챙겨 두자. 다음 중 챙길 필요가 없는 물건은 어떤 것일까?

비상 용품, 손전등, 장전된 권총, 소금 병, 물, 구급상자, 담요, 라디오, 나침반, 베개, 나이프, 장갑, 건전지, 손거울

Chapter 13

동전 속의 탑

동전 속의 탑

▲다보탑

우리나라 10원짜리 동전에는 한국의 대표적인 사찰인 불국사의 다보탑이 그려져 있다. 우리나라처럼 동전에 사찰과 탑의 모습을 그려 넣은 나라가 있으니, 바로 태국! 태국의 10B(밧-태국의 화폐 단위) 동전에는 왓 아룬 사원의 모습이 새겨져 있다.

화폐에는 그 나라의 대표적인 문화재를 그려 넣기 마련이다. 태국과 한국은 모두 과거에 불교를 믿던 나라였기 때문에 동전에 탑이 그려져 있다.

사리
석가모니나 성자의 유골. 후세에는 화장한 뒤에 나오는 구슬 모양의 것만 이른다.

탑은 불교의 창시자인 석가모니의 유골과 사리[*]를 모시고 보호하기 위해 쌓은 건축물에서 유래했다고 한다.

불교가 만들어진 인도에서 처음으로 탑 문화가 생겼고, 동남아시아와 중국을 거쳐 우리나라까지 전해졌다.

다보탑과 왓아룬의 탑. 모두 불교에서 전해진 탑인데 그 모양이나 느낌이 매우 다르다. 태국과 한국의 탑뿐만 아니라, 중국, 일본의 탑도 우리나라의 탑과는 다른 특징을 가지고 있다. 이처럼 나라별로 탑의 모습이 달라진 이유는 무엇일까?

다보탑과 석가탑

우리나라는 대부분의 탑을 화강암으로 만들어서, 석탑의 나라로 유명하다. 다보탑과 석가탑도 마찬가지로 석탑이다.

화강암은 주변에서 찾기 쉬운 재료이니, 실누 좋다. 그래서 우리 소상은 탑뿐만 아니라 불상, 조각을 만드는 데에도 화강암을 자주 이용했다. 많은 문화재의 재료가 되었던 화강암. 화강암은 어떤 암석일까?

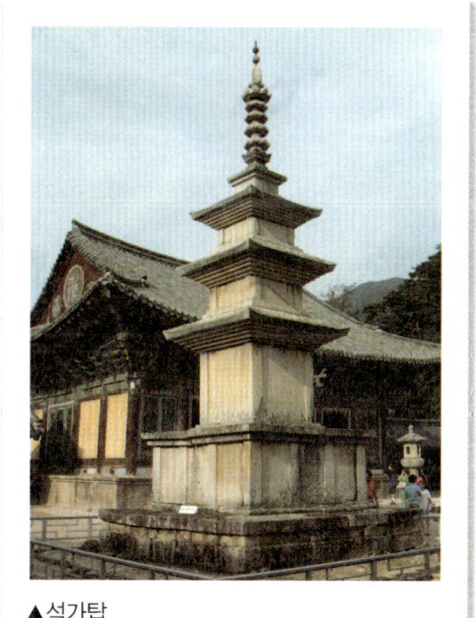

▲ 석가탑

화강암은 화산 폭발과 함께 태어난 돌이다. 지구의 깊은 땅속에는 고온의 열 때문에 녹은 물질이 있는데, 이 물질을 마그마라고 한다. 마그마가 지각(지구의 껍질)의 약한 부분을 뚫고 나오는 현상이 바로 화산 폭발인데, 화산

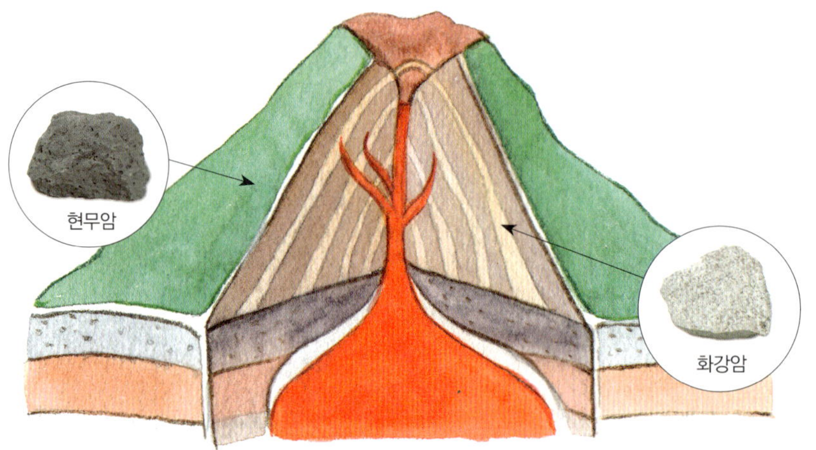

▲화산 활동으로 탄생한 암석

폭발로 지표 밖으로 나온 마그마를 '용암'이라고 한다.

지표 밖으로 나온 용암이 굳어져서 만들어진 돌멩이는 '화산암', 깊은 땅속에서 그대로 식은 돌멩이는 '심성암'이라고 한다. 화산암과 심성암은 또 여러 가지 종류의 암석으로 나뉜다. 돌멩이 종류가 이렇게 다양했다니! 참 복잡하다.

우리나라 탑의 주재료인 화강암은 '심성암'에 속하는 암석인데, 심성암은 땅속 깊은 곳에서 아주 천천히 식은 돌멩이들이기 때문에 아주 단단하다. 또한 천천히 식으면서 암석의 알갱이들이 서로 엉겨 붙어 큰 편이다. 화강암 역시 강하고 단단해서 건축물의 축대나 비석에 쓰인다.

석굴암의 가치

'화강암'으로 만들어진 다른 문화재도 함께 살펴볼까? 다음 사진은 어떤 문화재일까? 힌트! 유네스코 세계 문화 유산으로 등록된 우리의 자랑스러운 문화재이다.

바로 신라 시대의 석굴암이다. 석굴암과 불국사와 함께 1995년 유네스코의 세계 문화 유산으로 지정되었다.

이렇게 석굴암이 우수성을 인정받은 데는 나름대로 이유가 있다. 다른 나라는 보통 조각상을 만들 때 석고, 석회석, 대리암을 사용한다. 이들은 무른 암석이다. 그러나 석굴암을 만들 때 사용된 화강암은 매우 단단하다. 게다가 장석, 운모, 석영 등 서로 다른 알갱이들로 되어 있기 때문에 예상치 못한 결 때문에 쪼개지기 쉽다. 거의 다 완성했는데, 마

▲석굴암

지막 조그만 실수 탓에 조각이 떨어져 나갔다면? 으~ 생각하기도 싫다. 다시 처음부터 작업해야 한다.

이렇게 다루기 어려운 화강암으로 조심스럽고 섬세한 과정을 거쳐 만들어진 석굴암은 비록 규모는 작지만, 세계 어느 문화재에 빗대어도 전혀 모자라지 않다!

제주도의 돌하르방

▲현무암 표면

우리나라는 화강암이 많이 있어서 화강암으로 조각품이나 탑을 만들었다고 했다. 하지만 화강암 말고도 녹녹한 암석을 사용하는 지역이 있다. 바로

제주도!

　제주도의 대표적인 기념품이자 조각품인 돌하르방은 독특함 암석으로 만들어졌다. '하르방'은 제주도 사투리로 '할아버지'라는 뜻인데, 마치 인자한 모습으로 웃을 듯 말 듯한 표정으로 서 있는 돌하르방을 제주도 어디에서든 쉽게 발견할 수 있다.

　돌하르방의 대표적인 특징 중 하나는 구멍이 숭숭 뚫렸다는 것이다. 이 구멍의 비밀은 돌하르방을 만든 암석에 있다.

　돌하르방은 '현무암'이라고 하는 암석으로 만들었는데, 이 현무암도 화강암처럼 화산 활동을 통해 만들어진 암석이다. 땅속에서 천천히 식은 화강암과는 다르게 현무암은 지표 밖에서 탄생한 돌멩이다. 현무암은 지표 밖에서 빨리 식었기 때문에 알갱이들이 서로 엉겨 붙을 시간이 부족했다. 그래서 현무암의 알갱이 크기는 작은 편이다.

　현무암을 자세히 살펴보면 구멍이 많다는 것을 발견할 수 있다. 이러한 구멍은 마그마 속 가스가 빠져나간 자국이다. 땅속의 마그마가 지표 밖으로 나오면서 마그마 속에 있는 가스들은 공기 중으로 빠져나가게 된다. 이때 가스가 빠져나간 공간이 남아 있는 채로 굳어져 버려 탄생한 것이 현무암이다.

　이렇게 구멍이 뚫려 있는 현무암은 무언가를 갈 때 사용하면 좋다. 그래서 곡식을 가는 맷돌이나 발바닥의 때를 제거하는 돌멩이로도 많이 쓰인다.

▲ 돌하르방

돌하르방을 만든 현무암이나 석굴암, 다보탑, 석가탑의 재료가 된 화강암과 같이 화산 활동으로 태어난 돌멩이들을 화성암이라고 한다. '화'산 활동을 통해 생성된 암석이라는 의미다.

그렇다면 '화성암'에 속하는 암석들에는 또 어떤 것들이 있는지 함께 살펴보자.

화성암 가족계보	
심성암(땅속 출생)	반려암, 섬록암, 화강암
화산암(지표 출생)	현무암, 안산암, 유문암

▲화성암의 종류

폼페이 유적, 살아있는 화석

베수비오 산의 산자락에 있는 도시, 폼페이, 베수비오 산은 화산 활동을 오랫동안 하지 않았던 산이었는데, 서기 79년 8월 화산이 폭발했다.

베수비오 화산은 100억 톤의 화산재와 암석 피편을 뿜었디고 한디. 베수비오 산은 오랫동안 화산 활동이 없었기 때문에 사림들은 화신 폭발을 전혀 예상하지 못했고, 아무런 준비 없이 도시 전체가 화산재에 완전히 덮여 버리고 말았다. 그리고 결국 그대로 땅속에 묻혔다.

그 후 1,500년 동안 폼페이란 도시는 시간이 흐르면서 사람들의 기억 속에서 잊혀졌다가 1594년 수로 공사 중 우연히 발견됐다. 그로부터 지금까지 폼페이 유적지 발굴 작업이 계속되고 있다고 한다.

발굴 작업을 통해 발견된 유물과 사람들의 모습은 실로 놀라웠다. 화산 폭발 당시의 끔찍했던 상황을 생

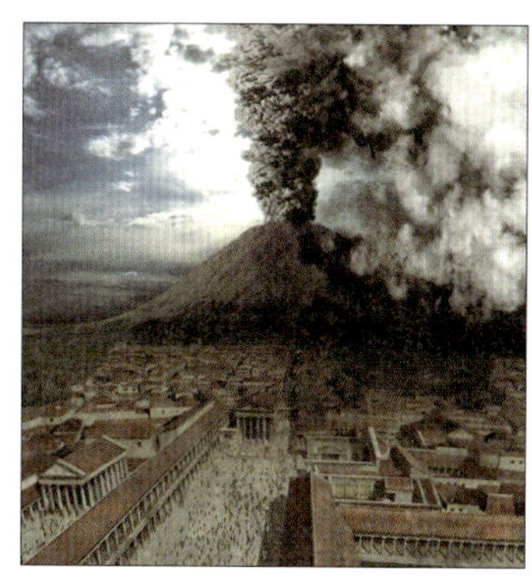

▲폼뻬이

생하게 재현하고 있었기 때문이다. 손으로 얼굴을 가린 채 웅크리고 있는 모습, 엄마가 아이를 감싸 안은 모습, 죽음의 공포 속에서 발버둥치는 사람들의 모습, 또 급박한 순간에도 재물 욕심을 버리지 못하고 금붙이를 끌어안은 채 화석이 된 사람의 모습도 있었다.

폼페이 유적에는 비참한 사람들의 모습뿐 아니라, 과거 로마의 훌륭한 문화재와 생활 모습도 그대로 보존되어 있었다. 만 명도 넘게 수용할 수 있는 원형 경기장, 여러 가지 공공건물, 카페 거리와 공중목욕탕 등의 시설도 제대로 갖추어져 있었다. 또 폼페이 유적 발굴을 통해 발견된 미술품인 '큐피드 벽화'와 '춤추는 폰의 동상'은 로마 미술의 최고 걸작으로 꼽힌다.

지금 우리에겐 살아 있는 화석으로써 폼페이는 소중한 유적이 되었다. 많은 사람이 이러한 유적을 보기 위해 폼페이를 찾아가거나 폼페이 유물 전시전을 열기도 한다.

미켈란젤로의 '피에타'

▲피에타 상

조각가이자 건축가, 화가, 그리고 시인이었던 미켈란젤로. 지금도 그의 작품은 많은 사람의 사랑을 받고 있다. 피에타 상 역시 1498년에서 1500년까지 2년에 걸쳐 완성한 미켈란젤로의 유명한 작품 중 하나다.

피에타 상은 성모 마리아가 자신의 죽은 아들 예수를 안고 있는 모습으로, 대리암 한 덩어리로 조각하여 만든 것이다. 피에타 상뿐만 아니라 유럽 대부

분의 나라들은 조각품, 건축물을 만들
때 대리암을 사용했다.

화강암이 많았던 우리나라가 화강암
으로 석굴암, 다보탑을 만들었듯이 유럽
에서는 대리암이 많았기 때문에 대리암
으로 조각을 했다. 유럽 사람들에게 많
이 쓰였던 대리암은 어떻게 만들어진 암
석일까?

▲호떡

대리암은 성격이 변한 암석이다. 암석의 성격이 어떻게 변하냐고? 놀랍게
도 변할 수 있다. 암석의 성격을 바꾸기 위해서는 무엇이 필요할까?

추운 겨울, 호떡을 호호 불면서 먹어 본 적이 있을 것이다. 갑자기 왜 호떡
얘기냐고? 조금만 참고 얘기를 들어 보자! 반죽 안에 깨와 꿀을 넣고 지글지
글 뜨거운 불판에 놓고 꾹! 이렇게 압력을 가하면 맛있는 호떡 완성!

물컹물컹했던 반죽은 뜨거운 온도와 압력을 받아 맛있는 호떡으로 변신한
다. 호떡뿐 아니라 모든 물질은 뜨거운 온도와 압력을 받으면 호떡처럼 성격
이 변하는데, 이는 암석도 마찬가지다. 이렇게 뜨거운 온
도와 큰 압력을 받아 성격이 변한 암석을 '변성암' 이라고
한다. 대리암도 석회암에 열과 압력이 가해져서 만들어
진 변성암 중의 하나이다.

변성암이 되기 위해서는 지구 내부의 높은 열과 힘
이 필요하다. 이러한 열과 힘은 뜨거운 마그마 사이에

▲석회암

▲화강암

▲편마암

에 생길 수도 있고, 지각이 이동하면서 받는 힘으로 생길 수도 있다.

우리 주변에서 열과 압력으로 성격이 변한 변성암은 쉽게 찾아볼 수 있다. 그러면 우리나라에서 많이 찾아볼 수 있는 화강암은 열과 압력을 받으면 어떻게 변할까?

화강암은 고온의 열과 압력을 받아 편마암이라고 하는 변성암으로 변한다. 편마암은 우리 주변에서 정원석으로 많이 쓰이는데, 그 이유는 편마암의 줄무늬 때문이다.

편마암은 검은색과 흰색, 회색이 교차하면서 줄무늬 형태를 띠고 있다. 이러한 편마암의 줄무늬는 변성되는 과정에서 생긴 흔적이다.

암석은 작은 알갱이인 광물로 이루어져 있다. 화강암도 석영, 장석, 운모와 같은 작은 알갱이 광물로 이루어져 있다. 화강암에 열과 압력이 가해지면, 그 속의 광물들도 함께 열과 압력을 받게 되는데, 이때 압력에 의해서 광물들이 납작해

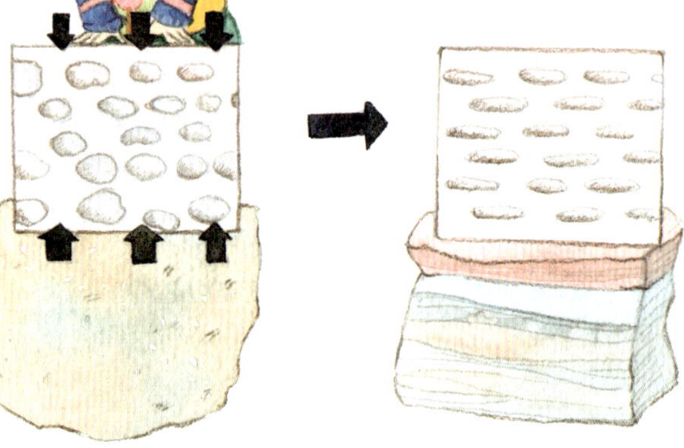

▲화강암이 고온의 열과 압력을 받으면 편마암이 된다.

진다. 납작해진 광물들이 하나의 배열을 이루면서 줄무늬를 만든다.

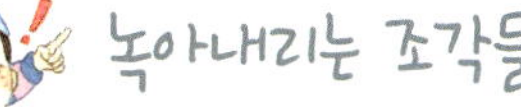

녹아내리는 조각들

최근 대리암으로 만든 조각품과 건축물들이 녹아내리고 있다고 한다. 어떻게 이런 일이 생기는 걸까?

대리암의 특징 중 하나는 산성에 반응한다는 것이다. 묽은 염산을 석회암, 대리암에 뿌려 보면 부글부글 거품이 나면서 녹아내리는 것을 볼 수 있다. 그럼 왜 조각품과 건축물들이 녹아내리는 것일까? 그 주범은 바로 산성비! 화석 연료의 사용, 자동차의 매연 등에 의해 생기는 일산화탄소와 이산화유황, 질소 산화물은 합쳐져, 대기 중에 황산과 질산을 만든다. 황산과 질산은 강한 산성 물질로 이것이 비와 섞여 내리게 되면 산성비가 된다.

결국 대리암, 석회암으로 된 조각품과 건축물들은 산성비와 반응하여 녹아내리는 것이다.

자연이 만든 조각. 화석

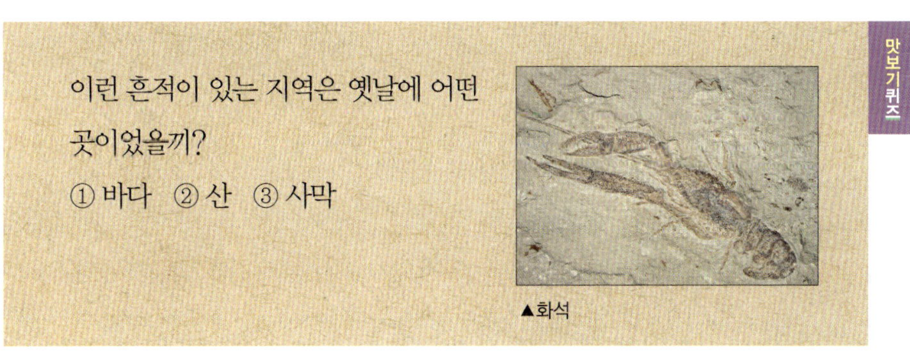

▲화석

사람들은 예술적, 종교적인 이유로 다양한 조각품을 만들어 낸다. 그런데 자연이 만들어 낸 조각도 있다. 이 조각은 오랫동안 딱딱하게 굳어져서 옛날 생물들의 모습, 환경의 특징들을 보여 준다. 자연이 만든 조각, 이것은 바로 '화석'이다.

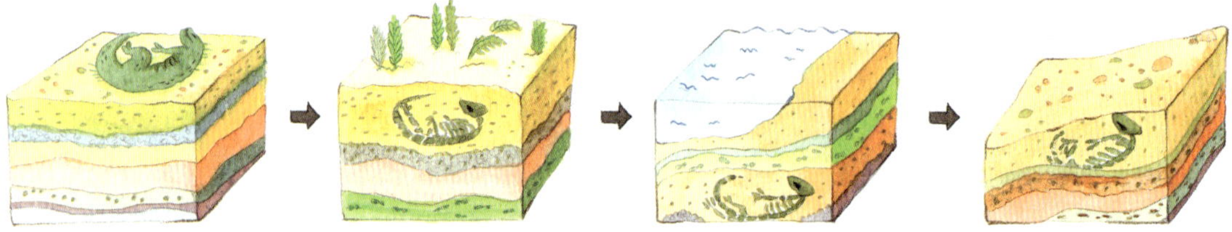

▲화석 생성 과정

화석이란 과거 지질 시대에 살던 생물의 유해나 흔적을 말한다. 죽은 생물의 시체가 화석이 되려면 곧바로 모래나 진흙에 묻히는 것이 중요한데, 생물의 시체가 썩거나 부패하면 그 형태를 알아볼 수 없기 때문이다. 화석이 만들어지기 위해서는 우선 모래, 진흙, 자갈, 화산 가루, 석회 가루 등이 차곡차곡 쌓일 수 있어야 한다.

암석들은 바람이나 물에 의해 깎이고 운반되어 쌓인다. 옆의 사진은 우리나라 변산반도 채석강의 모습이다. 암석들이 오랜 시간 동안 쌓여 거대한 지층을 이루고 있다. 큰 지층 옆에 걸어가는 사람의 모습을 보자. 키가 큰 어른인데도 지층이 워낙 커서 매우 작게 보인다. 이렇게 모래, 진흙, 자갈 등이 차곡차곡 쌓여서 만들어진 암석을 퇴적되어 만들어졌다고 하여 '퇴적암'이라고 부른다.

퇴적암은 쌓이는 물질에 따라서 종류가 달라진다. 모래가 쌓여 굳어진 암석을 '사암', 진흙이 퇴적된 암석은 '셰일', 자갈이 쌓여서 만들어진 암석은 '역암'이라고 한다.

▲절벽

▲사암

▲역암

▲이암

갇힌 바다의 일부분에서 심한 증발이 일어나서 만들어진 ‘암염’과 조개껍데기 같은 ‘석회질’ 성분이 쌓여 만들어진 석회암도 퇴적암이다. 화석 속에 옛날 생물의 모습을 담아 지금의 우리에게 보여 주는 퇴적암은 글씨 없는 거대한 역사책이라고 할 수 있다! 실제로 퇴적암에서 발견되는 화석을 통해 우리는 과거의 모습을 추측해 낼 수 있다.

한반도에도 공룡이 살았을까?

이 사진은 경상남도 고성군에서 발견된 공룡 발자국 화석이다. 경상남도 고성군 한려수도 국립 공원의 상족암은 브라질, 캐나다 지역과 함께 세계 3대 공룡 발자국 화석지 중 하나로 꼽힌다.

과학자들은 화석 속에서 많은 이야기를 찾아내는데, 과학자들은 어떻게 이야기를 구성해 나갈까? 우선 공룡 뼈 화석이 발견되면 뼈 조각들을 맞춘다. 뼈 화석은 오랫동안 땅속에 묻혀 있었기 때문에 쉽게 부러질 수 있다. 그래서 이 과정은

▲공룡 발자국

아주 조심조심 이루어지고, 시간도 오래 걸린다. 뼈 조립이 완성되면 그 위에 살과 근육을 붙인다.

그렇다면 어떻게 본 적도 없는 공룡의 살과 근육의 모양을 알 수 있을까? 현재 동물의 뼈와 근육을 해부하고 분석한 결과를 보고 추측해 낸다. 이렇게 뼈 조각, 근육 하나하나를 맞추고 조립하는 발굴 과정을 통해서 공룡의 모습이 완성된다.

화석은 그 당시의 기후와 환경도 담고 있다. 예를 들어 바닷가에서는 산호, 조개껍데기들이 많이 묻히고, 파도의 물결 모양이 남는데, 이런 증거들을 통해 바다였다는 것을 추측해 낸다.

문경 석탄 박물관 방문하기

석탄은 과거의 나무와 식물이 변한 것이다. 석탄이 만들어지는 과정은 퇴적암이 쌓이는 것과 연관이 있다.

옛날 무성한 숲 속에 있던 식물과 나무들이 지진과 같은 지각 변동으로 땅속에 묻힌다. 그 위로 계속해서 퇴적암이 쌓여 두꺼운 지층이 만들어지게 되면, 땅속에 묻혔던 나무와 식물들은 큰 압력과 지열을 받아 변하기 시작한다. 이를 '탄화 작용'이라고 한다. 무성한 삼림과 나무들이 있던 지층은 탄화 작용을 거쳐서 석탄이 된다.

문경 석탄 박물관에서는 석탄이 어떻게 만들어지고, 어떻게 이용되는지, 또 우리가 사용하는 광물 자원은 어떤 것이 있는지 알 수 있다. 또한 다양한 광물과 화석, 광산과 관련된 공부를 할 수 있다.

◀석탄 박물관 가는 길

Chapter 14

두부에게 꼭 필요한 것은?

두부에게 꼭 필요한 것은?

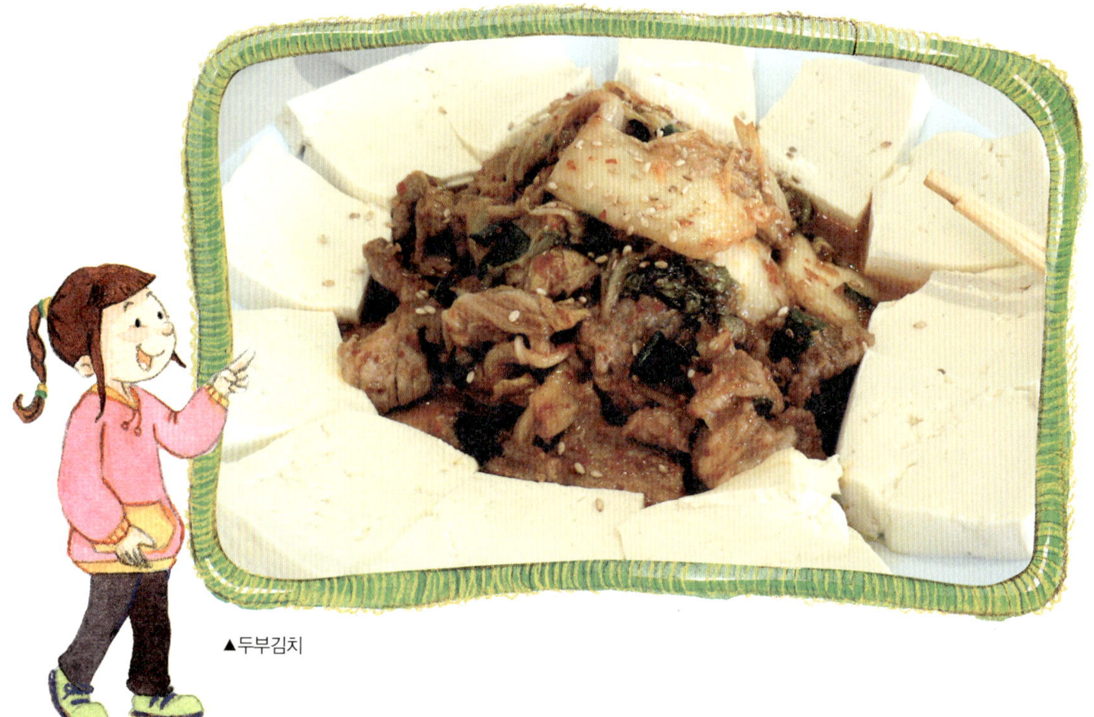

▲두부김치

보기만 해도 군침이 도는 위의 사진은 두부로 만든 음식이다. 두부는 주원료가 콩이기 때문에 질 좋은 식물성 단백질이 풍부하다. 우리나라에서는 주로 국이나 찌개에 넣어 먹거나, 두부에 돼지고기와 김치를 곁들여 두부 김치로 먹는다. 두부는 부드럽게 씹히는 맛과 다른 음식과도 잘 어울리는 특성 때문에 많은 사람들에게 사랑받고 있다.

특히 강릉의 초당 두부는 약 400여 년 전부터 사랑을 받아 온 강릉의 대표적인 전통 식품이다. 초당 두부는 초당(草堂) 허엽(1517~1580)이란 사람이 바닷물로 두부를 만든 것에서 유래했다.

초당 허엽은 조선의 여류 시인 허난설헌과 '홍길동전'의 작가 허균의 아버지다. 그는 강릉 삼척부사 자리에 있으면서 강릉 초당동에 거주했는데, 이 지역의 샘물 맛이 좋아 그 물로 콩을 가공하여 두부를 만들었다고 한다. 이렇게 만든 두부의 맛이 좋아 유명해졌고, 허엽의 호를 따서 초당 두부라고 부르게 되었다.

이러한 초당 두부를 만들기 위해서는 바닷물이 꼭 필요하다고 한다. 왜 두부를 만드는 데 바닷물이 필요할까? 바닷물은 맛있는 두부를 만들기 위한 요술 액체라도 되는 것일까?

바닷물 속 들여다보기

두부를 만드는 데 바닷물이 사용되는 이유를 알려면 우선 바닷물에 무엇이 있는지 알아봐야 한다.

바닷물을 혀끝에 대고 맛을 보면 우선 짠맛이 느껴진다. 하지만 더 집중해서 맛을 보면 짠맛 외에는 약간 쓴맛이 나는 것을 느낄 수 있다. 바닷물은 무엇으로 이루어졌기에 이런 맛이 날까?

짠맛이 나는 이유는 우리가 소금이라고 부르는 염화나트륨이 많이 녹아 있기 때문이다. 이 밖에 바닷물에는 여러 가지 성분들이 많이 녹아 있는데, 우리는 이것들을 '염류'라고 부른다.

염류에는 염화나트륨(77.74%), 즉 소금이 가장 많고, 두 번째로 염화마그네슘(10.89%)이 많다. 바

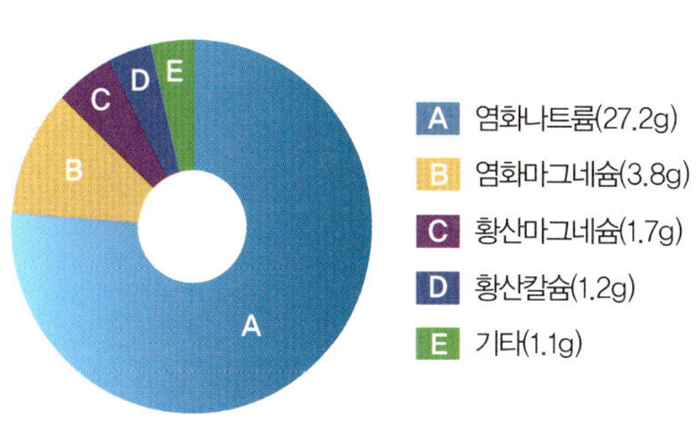

▲바닷물 1,000g 속에 늘어 있는 염류의 양

닷물에서 쓴맛이 나는 이유는 바로 쓴맛이 나는 염화마그네슘 때문이다. 이 외에도 바닷물 속에는 황산마그네슘, 황산칼슘과 같은 염류가 들어 있다.

산속의 계곡물이 모여 강물을 이루고, 강물이 흘러 바다로 모이게 된다. 계곡물, 강물은 짜지 않은데 왜 바다에만 가면 짠맛이 날까?

바닷물이 짠 이유는 바닷물 속에 녹아 있는 염류 때문이라고 했다. 염류는 계곡물, 강물에는 없거나 그 양이 극히 적은데, 바다로 모이면서 생기게 된다. 대부분의 염류는 암석, 토양속의 여러 물질에서 나온 것인데, 강물이 흐르면서 땅 위의 여러 물질을 녹여 '염류'가 된다.

바닷물로 두부를 만들 수 있는 것도 바로 이 염류 덕분이다. 두부를 만들 때는 콩을 갈아 만든 콩 물에 바닷물, 즉 간수*를 넣는다. 바닷물은 콩에 있는 단백질 성분을 서로 엉기게 하는데, 바닷물 속 염류가 바로 이 응고제 역할을 한다.

바닷물 1kg 속에 들어 있는 염류의 양(g)을 '염분'이라고 한다. 염분은 천분율(퍼밀‰)로 나타내는데, 35‰이면 바닷물 1kg 안에 염류가 35g 들어 있다는 뜻이다.

간수
습기가 찬 소금에서 저절로 녹아 흐르는 짜고 쓴 물. 두부를 만들 때 쓴다.

짠 바닷물에서 살 수 있는 비결

바닷물의 염분 농도는 우리 몸 안에 있는 물보다 훨씬 진하다. 그래서 사람은 짠 바닷물을 마시면서 살 수 없다. 해수어(바다에 사는 물고기) 역시 몸속의 물보다 바닷물이 더 짜다. 그런데 해수어들은 어떻게 진한 염분 속에서 살 수 있을까?

U자 모양의 관 중간에 그림과 같이 셀로판지를 대고 한쪽에는 그냥 물을, 다른 한쪽에는 소금물을 넣는다. 이때 셀로판지는 입자가 큰 소금 분자는 통과시키지 못하고, 작은 물 분자는

통과시키는데, 이러한 막을 '반투막'이라고 한다.

짠 정도가 다른 두 물은 서로 농도를 같게 하려고 하는 성질이 있다. 그래서 이동할 수 있는 물 분자가 소금물 쪽으로 이동하여 농도를 떨어뜨린다. 이러한 현상을 '삼투 현상'이라고 한다.

위의 설명대로라면 바닷물은 해수어 몸속의 물보다 짜기 때문에, 해수어는 바닷물의 농도에 맞추기 위해 수분을 잃기 쉽다.

다행히 물고기의 피부는 비늘로 덮여 있어서 물 분자가 통과하기 어렵지만, 입 안쪽의 피부나 아가미는 셀로판지처럼 반투막이어서 물 분자가 자유롭게 통과할 수 있다.

따라서 해수어는 아가미나 입 안쪽 피부를 통해 수분을 잃게 된다. 이 때문에 해수어는 바닷물을 마실 때 수분과 염류를 흡수하고 나서, 수분은 몸속으로 보충하고 염류만 오줌이나 아가미로 배출한다. 이 때문에 해수어의 오줌은 아주 농도가 진하다.

반면, 담수어(강에 사는 물고기)는 반대의 상황을 겪는다. 담수어의 체내 수분은 강물보다 농도가 짙어서 '삼투 현상'에 의해 강물이 담수어의 몸속으로 들어오게 된다. 담수어는 이를 조절하려고 많은 양의 묽은 오줌을 만들어 밖으로 내보낸다. 농도가 짙은 오줌을 조금씩 내보내는 해수어와는 정반대다.

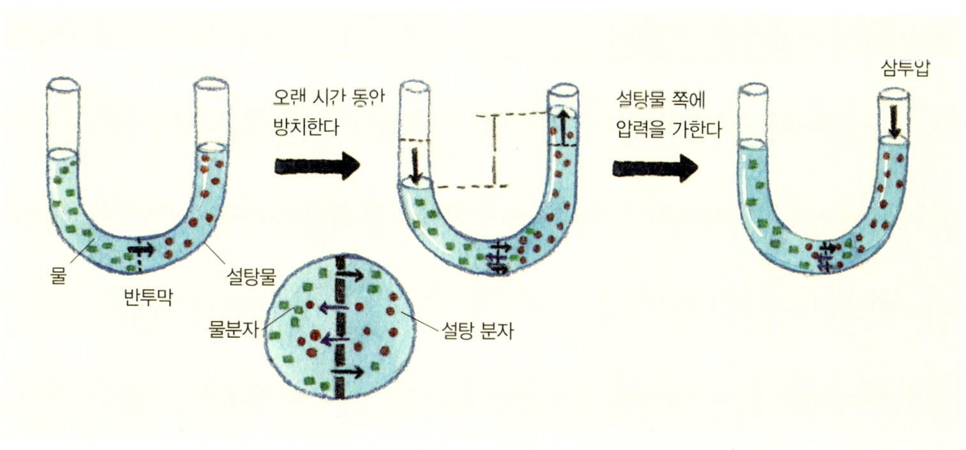

▲심두압 현상

싱거운 바다, 더 짠 바다?!

다음 지역 중에서 가장 짠 바다는 어디일까?
① 열대 지방의 바다
② 이집트의 나일 강과 바로 연결되는 부분의 바다
③ 중위도 지방의 바다
④ 극지방의 바다

세상에 있는 모든 바닷물의 짠 정도는 같을까? 바닷물이 짠 정도는 계절마다 바뀌고, 위도나 지역에 따라서도 많이 바뀐다. 즉 계절, 위도, 지역에 따라서 상대적으로 싱거운 바닷물도 있고 다른 곳보다 짠 바닷물도 있다는 말이다.

바닷물이 덜 짠 것을 '염분이 낮다.'고 하는데, 염분이 낮은 지역은 주로 비가 많이 오고 물의 증발이 덜 되는, 큰 강물이 흘러나오는 지역이다. 특히 비가 많이 오는 열대 지방은 비가 오는 양보다 물이 증발하는 양이 적기 때문에 염분이 낮다.

또, 이집트의 나일 강처럼 많은 강물이 흘러나오는 지역도 다른 바다보다 염분이 낮다. 소금물에 물을 더 부으면 싱거워지는 것처럼 짠 바닷물에 강물이 합쳐져서 염분이 낮아진다. 극지방은 눈이 많이 오지만, 춥기 때문에 물의 증발량이 적다. 그래서 염분이 낮다.

그럼 반대로 바닷물이 짠 지역은 어디일까? 염분이 높은 지역은 주로 비가

별로 오지 않지만 건조해서 물이 많이 증발하는 곳이다. 우리나라가 속해 있
는 중위도 지방은 열대 지방보다 비가 적게 오고 상대적으로 건조해서 증발
량이 많기 때문에 염분이 높다.

특히 우리나라의 경우 비가 많이 오는 여름에
는 염분이 낮고, 비가 적은 겨울에 염분이 높다.
그리고 서해의 경우, 중국의 큰 강들과 서해 쪽
으로 흘러 들어오는 우리나라의 강들이 많기 때
문에 서해의 염분은 낮고, 동해는 흘러 들어오는
강물이 거의 없기 때문에 염분이 상대적으로 높
은 편이다.

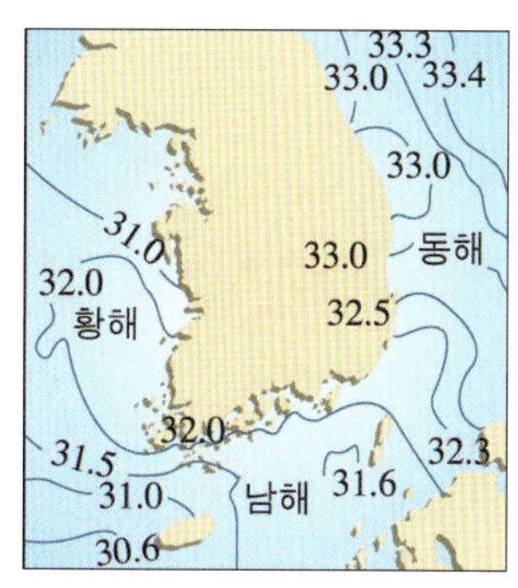
▲염분 분포도

그렇다면 세상에서 가장 짠 바닷물은 어디에 있을까? 그곳은 바로 '사해'!
사해는 이스라엘과 요르단 사이에 있으며 다른 바다와는 연결되어 있지 않다.

죽을 사(死), 바다 해(海)로 불리는 이곳은 말 그대로 죽은 바다다. 생물이
하나도 살지 못해서 죽은 바다로 불리는 이
곳의 염분은 보통 바닷물 염분의 6배 정도
다. 보통 바닷물은 35‰인데 반해 이곳의
표면의 염분이 200‰, 바닥면의 염분은
300‰이나 되기 때문에 너무 짜서 생물이
잘 살지 못한다.

사해는 염분이 높아 수영을 잘 못하는
사람들도 저절로 뜨나고 한다. 또한 피

▲사해에 떠 있는 사람

부에 좋은 물질들이 물속에 많이 녹아 있어서 관광지로 유명하다.

하지만 사해에서 수영하는 것은 위험하다. 일반 바다보다 염분이 약 6배 강하기 때문에 수영을 하다가 눈에 물이 들어가면 염증을 일으킬 뿐 아니라, 사해의 짠물을 많이 마시게 될 경우 건강에 치명적이기 때문이다. 또한 사해를 체험할 경우, 바다 바닥의 날카로운 소금 결정 때문에 다칠 수도 있으니 샌들을 꼭 준비해야 한다고 한다.

염분비 일정의 법칙

염분은 비가 내리는 양, 물이 증발하는 양, 지역에 따라서 바다마다 다르다. 하지만 바닷물에 포함된 '염류'들의 녹아 있는 비율은 염분에 관계없이 모두 같다. 좀 더 구체적으로 알아보자.

다음 표는 우리나라 '동해'와 이스라엘의 '사해'의 염류의 양을 비교한 표다.

염류	동해	사해
염소	20.0	100.0
나트륨	10.0	50.0
황산염	2.5	12.5
마그네슘	1.5	7.5
기타	1.0	5.0
합계	35.0	175.0

▲동해와 사해의 염류 양 비교

전체 합계를 보면, 사해가 동해보다 5배나 많으며 염류를 구성하는 염소, 나트륨, 황산염, 마그네슘 등의 양을 각각 살펴보면 하나같이 5배씩 많다. 결국 염류들의 구성 비율은 모두 똑같다. 이처럼 녹아 있는 염류의 비율이 일정한 것을 가리켜 '염분비 일정의 법칙'이라고 한다.

이 법칙을 이용하면 해수에 녹아 있는 한 가지 원소의 질량만 알아내도 해수의 염분을 쉽게 구할 수 있다. 실제로 해수의 염분을 측정할 때는 해수 속에 녹아 있는 염소 이온의 양만을 측정해 염분비를 계산한다고 한다.

소금 사막

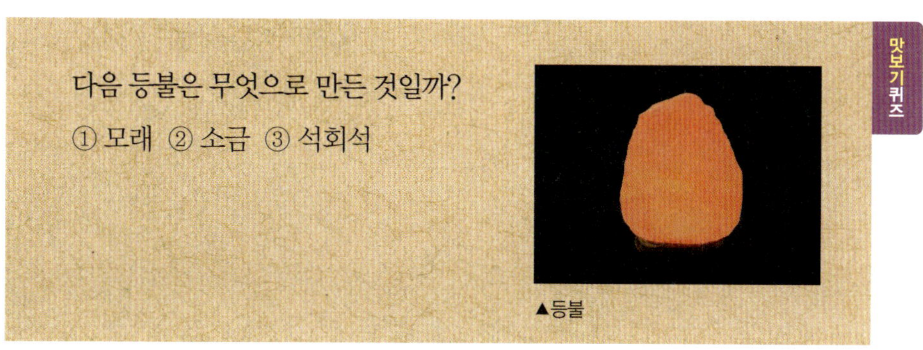

사진 속의 이곳은 너무나도 하얀 땅 때문에 온 세상이 눈으로 덮인 듯하고 하늘과 땅의 경계가 보이지 않는다고 한다. 이렇게 아름다운 땅은 어디에 있을까?

이곳은 볼리비아의 '소금 사막 우유니'다. 모래가 아닌 소금으로 펼쳐진 우유니 사막은 세계 최대의 소금 사막이라고 한다. 많은 사람이 이 아름다운 사막을 보려고 찾아온다고 한다.

사실 이곳은 아주 옛날에 바다였다. 1억 년 전에 바다였던 곳이 지각 변동에 의해서 위로 솟았는데, 오랜 시간이 지나면서 물은 점점

▲소금 사막 우유니

증발했고 이렇게 소금만 남은 사막이 되었다.

한편 바다나 호수였던 곳에서 물이 증발하고 염류만 남아 굳은 암석은 '암염'이라고 한다. 소금 사막에 있는 소금 덩어리들도 모두 암염이다. 요즘엔 이 소금 암석, 암염을 이용해서 생활용품으로 쓰기도 한다. 어떻게 쓰이는지 살펴보자.

이 집은 소금 사막에 있는 소금 호텔이다. 소금으로 만들어진 호텔이라니 정말 신기하다! 또한 암염 안에 전구를 넣어 은은하게 퍼지는 빛을 이용한 암염 램프로 쓰이기도 한다. 암염 램프, 소금 호텔 이 모든 것은 바닷물에 염류가 녹아 있었기 때문에 가능한 일이다.

▲ 소금 호텔

일정한 방향으로 흐르는 바닷물

　　지난 2007년 12월 서해안에서 유조선 침몰 사건이 발생했다. 이로 말미암아 해양 생태계의 파괴되어 피해가 막심했고, 특히 만리포 해수욕장 근처에서 유출된 기름이 해류를 따라 확산되면서 상황은 더 심각해졌다. 기름띠는 어떻게, 그리고 왜 퍼져 나갔을까?

　　바닷물은 정지해 있는 것이 아니라 끊임없이 움직이고 있다. 바닷물의 흐

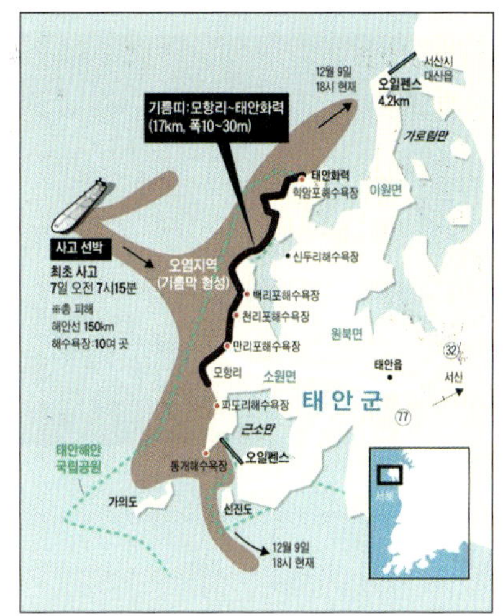

▲기름 유출 피해 지역

름을 '해류'라고 하는데, 해류의 방향은 물 위로 부는 바람, 바닷물의 온도, 염분에 따라 결정된다. 서해안 기름 유출 사고에서는 강한 파도와 바람 때문에 해류를 타고 기름이 빠르게 번져 나갔다. 만약 바닷물이 흐르지 않고 정지해 있었다면 피해가 조금은 줄었을 것이다.

　　태안의 기름 유출 사건은 해류 때문에 피해가 더 심해졌지만, 사실 해류는 꼭 필요하다. 해류는 지구의 적도, 중위도, 고위도 지방의 온도가 적절하게 유지되도록 도와주기 때문이다.

　　한반도는 삼면이 바다로 이루어져 있고, 다양한 해류가 한반도를 감싸고 있다. 이 덕분에 우리는 계절에 따라 다양한 종류의 해산물을 얻을 수 있다.

　　남쪽에서 흘러오는 해류는 따뜻해서 '난류', 북쪽으로부터 오는 해류는 차가워서 '한류'라고 한다. 계절에 따라 바닷물의 흐름과 온도는 변하는데, 다음 그림은 기상 위성이 관측한 우리나라 이름과 겨울의 해수면 온도다. 겨울

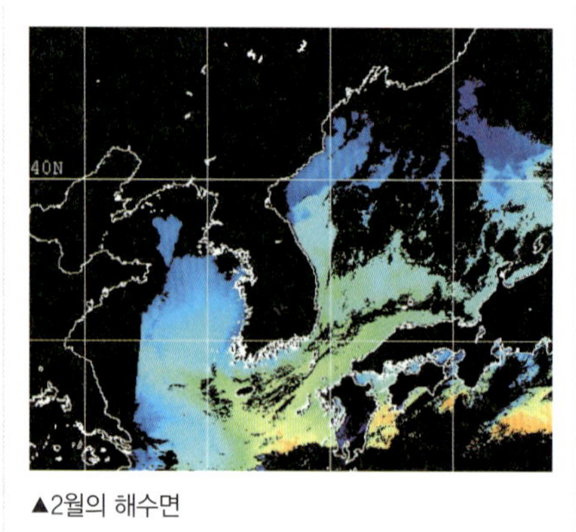
▲2월의 해수면

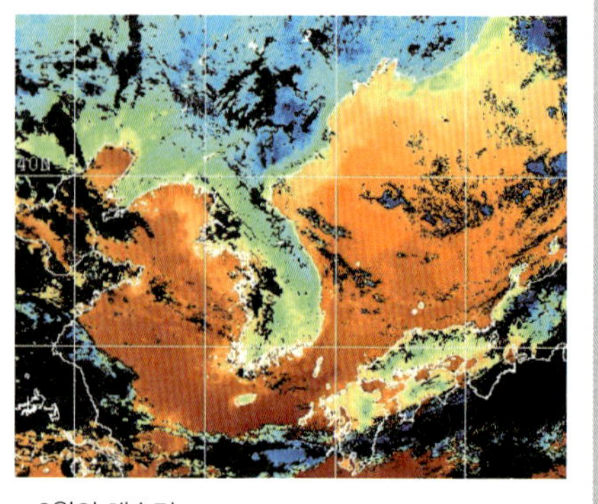
▲8월의 해수면

에는 차가운 북한 한류가 남쪽으로 내려와서 대부분의 바다가 차가운 반면, 여름에는 따뜻한 쿠로시오 난류가 올라와 따뜻한 것을 알 수 있다.

한반도를 둘러싼 동해, 서해, 남해에 흐르는 해류의 특성을 살펴보자. 우선, 동해는 쿠로시오 해류에서 갈라져 나온 난류와 북한 한류가 만나는 곳이다. 따라서 플랑크톤*이 풍부하고 영양물질이 풍부하여 물고기들이 많이 찾아온다. 겨울철에는 북한 한류가 내려와서 명태, 청어가 많이 잡히고, 여름에는 동한 난류를 타고 오징어가 많이 잡힌다.

반면 서해는 한류와 난류가 만나지 않기 때문에 동해처럼 플랑크톤이 풍부하지는 않다. 하지만 우리나라 대부분의 강물이 서해로 흘러가기 때문에, 서해는 강물에서 흘러온 영양 염류가 풍부하여 물고기들의 산란장이 되고 있다. 서해에는 조기, 갈치, 홍어, 멸치 등의 어류와 대하, 꽃게가 많이 살고 있다.

플랑크톤
물속에서 물결에 따라 떠다니는 작은 생물을 통틀어 이르는 말

남해는 난류의 영향으로 겨울에도 수온이 10℃ 이상

을 유지하며 어종이 다양하고 풍부한 우리나라 최대의 어장이다. 주요 어종은 멸치, 고등어, 전갱이, 갈치, 삼치, 전어 등이 있다. 하지만 요즘은 지구 온난화의 영향으로 한반도의 어족에도 변화가 있다고 한다.

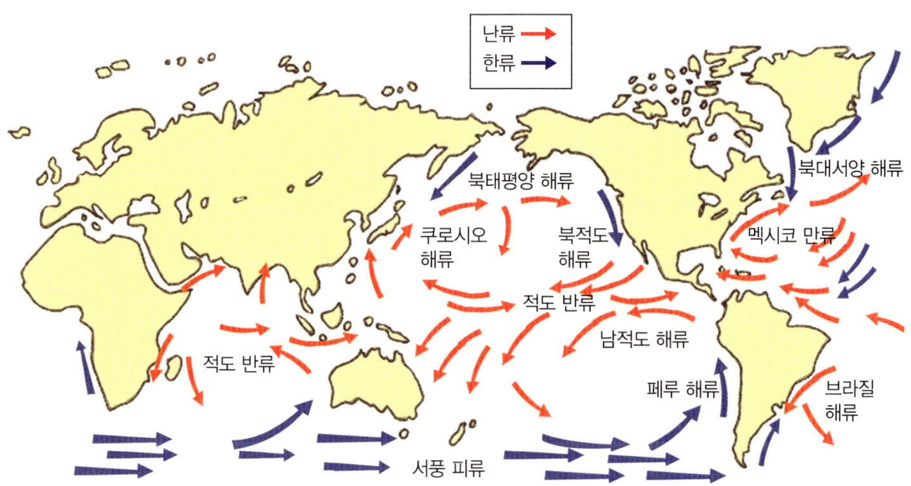

▲세계의 해류

하멜 이야기

　　서양에 한국을 알린 최초의 사람은 어느 나라 사람일까? 바로 네덜란드의 핸드릭 하멜이라는 사람이다. 그는 1653년 일본 '나가사키'로 가던 도중 제주도에 표류하여 그로부터 14년 동안 조선에 머물렀다.

하멜과 동료 8명은 1667년 조선에서 탈출할 수 있었고 '하멜 표류기'란 책을 써서 한국을 소개했다. '하멜 표류기'는 당시 제주도 인근의

▲오도 열도

항로, 제주도와 육지의 항로, 일본과 서양의 교역 상황 등 당시의 시대 상황을 전해 주는 귀

중한 역사 자료가 됐다.

하멜 일행이 바람과 해류에만 의지해 이틀 만에 도착한 곳은 일본의 오도(五島) 열도라는 지역인데, 여기에 재미있는 사실이 하나 있다. 오도 열도는 1627년부터 1888년까지 261년 동안 난파한 조선인 70% 이상이 표류한 지역이며, 우리나라 남해안에서 태풍을 만나 선박이 표류하면 대부분 오도 열도로 밀려갔다고 한다. 이는 바로 항상 일정한 방향으로 흐르는 쿠로시오 해류의 영향 때문이다. 하멜 일행을 탈출하게 한 것도 바로 이 쿠로시오 해류 덕분이다.

배추 절이기

해마다 김장철이 되면 엄마들이 하시는 가장 첫 번째 일은 배추를 절이는 것이다. 배추를 절인다는 말은 쉽게 말해 배추를 소금물에 담가 두는 것인데, 이 속에도 과학의 원리가 숨어 있다. 배추를 절이면서 소금을 뿌리는 이유를 생각해 보자!

준비물
배추, 소금, 큰 대야

탐구 순서

    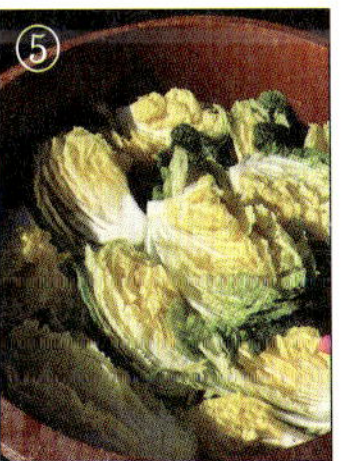

① 좋은 배추를 고른다. 배추는 겉잎이 너무 두껍지 않은 것이 좋다.

② 배추 밑동 가운데 칼집을 내고, 양손으로 벌려 배추를 자른다.

③ 소금물을 배추 사이사이에 들어가도록 골고루 뿌린다.
　(소금물은 물 2L에 소금 1컵~1컵 반 정도가 적당하다.)

④ 남은 소금으로 배추 줄기 사이사이에 골고루 뿌려 준다.

⑤ 이 상태로 7~8시간을 절인다. 적당히 절인 후, 깨끗한 물로 씻어 내어 절인
배추를 관찰해 본다.

실험 결과

배추를 소금물에 담가 놓게 되면, 배추 세포 안에 있는 수분에 비해서 소금물의
농도가 훨씬 짙다. 이렇게 농도가 다른 두 물은 '삼투 현상' 때문에 물 분자가 이
동하게 된다. 따라서 배추 세포 안의 물 분자들이 '삼투 현상'에 의해 밖으로 빠
져나오게 된다. 그래서 절인 배추는 수분을 잃어 쪼글쪼글해진다.

생각 나누기

· 일상생활 속에서 활용되는 삼투 현상을 찾아보자.